WTB

Wissenschaftliche Taschenbücher

Mathematik · Physik

Harry Paul

Nichtlineare Optik

I

Akademie-Verlag · Berlin

WTB Wissenschaftliche Taschenbücher

ROLF BORSDORF / MANFRED SCHOLZ
Spektroskopische Methoden in der organischen Chemie

WERNER HABERDITZL
Magnetochemie

GERHARD HEBER
Mathematische Hilfsmittel der Physik, Teil I und II

A. A. SOKOLOW
Elementarteilchen

HEINZ AHRENS
Varianzanalyse

HANS-JÜRGEN TREDER
Relativität und Kosmos
Raum und Zeit in Physik, Astronomie und Kosmologie

ALBERT EINSTEIN
Grundzüge der Relativitätstheorie

ALBERT EINSTEIN
Über die spezielle und die allgemeine Relativitätstheorie

GÜNTHER LUDWIG
Wellenmechanik. Einführung und Originaltexte

HARRY PAUL
Lasertheorie, Teil I und II

FRANZ RUDOLF KESSLER
Einführung in die physikalischen Grundlagen der Kernenergiegewinnung

EBERHARD TEUSCHER
Pharmakognosie, Teil I und II

D. TER HAAR
Quantentheorie. Einführung und Originaltexte

J. H. SANDERS
Die Lichtgeschwindigkeit. Einführung und Originaltexte

JEAN KUNTZMANN
Unendliche Reihen
Mathematische Hilfsmittel der Physik und Chemie
Mit 94 Übungen und 29 Aufgaben

JEAN KUNTZMANN
Systeme von Differentialgleichungen
Mathematische Hilfsmittel der Physik und Chemie
Mit 88 Übungen und 40 Aufgaben

JEAN KUNTZMANN
Komplexe Veränderliche
Mathematische Hilfsmittel der Physik und Chemie
Mit 90 Übungen und 37 Aufgaben

FERDINAND CAP
Einführung in die Plasmaphysik
I. Theoretische Grundlagen

FERDINAND CAP
Einführung in die Plasmaphysik
II. Wellen und Instabilitäten

FERDINAND CAP
Einführung in die Plasmaphysik
III. Magnetohydrodynamik

J. A. ROSANOW
Wahrscheinlichkeitstheorie

HARRY PFEIFER
Theorie linearer Bauelemente
Elektronik für den Physiker I

HARRY PFEIFER
Die Elektronenröhre
Elektronik für den Physiker II

HARRY PFEIFER
Schaltungen mit Elektronenröhren
Elektronik für den Physiker III

HARRY PFEIFER
Leitungen und Antennen
Elektronik für den Physiker IV

HARRY PFEIFER
Mikrowellenelektronik
Elektronik für den Physiker V

HARRY PFEIFER
Halbleiterelektronik
Elektronik für den Physiker VI

SIEGFRIED HAUPTMANN
Über den Ablauf organisch-chemischer Reaktionen

GERHARD HÜBNER / KLAUS JUNG / ECKART WINKLER
Die Rolle des Wassers in biologischen Systemen

STEPHEN G. BRUSH
Kinetische Theorie, Teil I und II
Einführung und Originaltexte

EBERHARD HOFMANN
Eiweiße und Nucleinsäuren als biologische Makromoleküle
Dynamische Biochemie, Teil I

EBERHARD HOFMANN
Enzyme und energieliefernde Stoffwechselreaktionen
Dynamische Biochemie, Teil II

EBERHARD HOFMANN
Intermediärstoffwechsel
Dynamische Biochemie, Teil III

EBERHARD HOFMANN
Grundlagen der Molekularbiologie und Regulation des Zellstoffwechsels
Dynamische Biochemie, Teil IV

HERBERT GOERING
Elementare Methoden zur Lösung von Differentialgleichungsproblemen

PETER KRUMBIEGEL
Isotopieeffekte

D. M. BRINK
Kernkräfte. Einführung und Originaltexte

DIETER ONKEN
Steroide
Zur Chemie und Anwendung

HEINZ GEILER
Ökologie der Land- und Süßwassertiere

ARTHUR F. CRACKNELL
Angewandte Gruppentheorie. Einführung und Originaltexte

DIETER KLAUA
Elementare Axiome der Mengenlehre

GÜNTER TEMBROCK
Grundlagen der Tierpsychologie

J. P. VINSON
Optische Kohärenz in der klassischen Theorie und in der Quantentheorie

W. R. HINDMARSH
Atomspektren. Einführung und Originaltexte

GÜNTER TEMBROCK
Biokommunikation
Informationsübertragung im biologischen Bereich
Teil I und II

ADOLF ZSCHUNKE
Kernmagnetische Resonanzspektroskopie in der organischen Chemie

DIETER MERKEL
Riechstoffe

JOHN CUNNINGHAM
Vektoren

GEORG DAUTCOURT
Relativistische Astrophysik

ERNST SCHMUTZER
Symmetrien und Erhaltungssätze der Physik

GERHARD LERCH
Pflanzenökologie

MICHAEL GÖSSEL
Angewandte Automatentheorie, Band I
Grundbegriffe

MICHAEL GÖSSEL
Angewandte Automatentheorie, Band II
Lineare Automaten und Schieberegister

HEINRICH KINDLER
Der Regelkreis. Eine Einführung

A. R. KESSEL
Akustische Kernresonanz

WOLFRAM BRAUER / HANS-WALDEMAR STREITWOLF
Theoretische Grundlagen der Halbleiterphysik

HARRY PAUL
Nichtlineare Optik, Teil II

EBERHARD TEUSCHER
Allgemeine Pharmakognosie, Teil I und II

DIETER KLAUA
Grundbegriffe der axiomatischen Mengenlehre, Teil I und II

DIETRICH BENDER / ERNST-EGON PIPPIG
Einheiten — Maßsysteme — SI

JOACHIM NITSCHMANN
Entwicklung bei Mensch und Tier

WTB

BAND 99

Harry Paul

Nichtlineare Optik I

Grundlagen

Mit 3 Abbildungen

AKADEMIE-VERLAG · BERLIN

Reihe MATHEMATIK UND PHYSIK

Verfasser:

Dr. rer. nat. habil. Harry Paul

Zentralinstitut für Optik und Spektroskopie
der Akademie der Wissenschaften der DDR

1973

Lizenznummer: 202 · 100/438/73

Herstellung: VEB Druckhaus „Maxim Gorki", 74 Altenburg

Bestellnummer: 761 560 0 (7099) · ES 18 B 5

Printed in German Democratic Republic

Inhaltsverzeichnis

Vorwort

Das vorliegende Buch — hervorgegangen aus Vorlesungen, die ich an der Humboldt-Universität zu Berlin gehalten habe, — wendet sich an Studierende der Physik und auf dem Gebiet der nichtlinearen Optik arbeitende Wissenschaftler. Es soll dem interessierten Leser (bei dem eine gewisse Vertrautheit mit den Anfangsgründen der Quantenmechanik vorausgesetzt wird) einen Einblick in die theoretischen Vorstellungen geben, die im Zusammenhang mit dem in den letzten Jahren stattgefundenen experimentellen Fortschritt bei der Untersuchung nichtlinearer optischer Erscheinungen entwickelt wurden.

Mein Bestreben ging vor allem dahin, an Hand einfacher Modellrechnungen die neuartigen Effekte mit ihrer besonderen Problematik vom Grundsätzlichen her verständlich zu machen, wobei die Rechnungen i. a. so ausführlich gehalten sind, daß sie leicht nachvollzogen werden können. So wird zunächst der den nichtlinearen optischen Prozessen vorwiegend zugrunde liegende Mechanismus, nämlich die Erzeugung einer nichtlinearen Polarisation des Mediums durch Induzierung von Dipolmomenten an den Atomen des Mediums, genauer diskutiert. Es ergibt sich so zwanglos der formale Apparat zur Beschreibung der nichtlinearen optischen Erscheinungen, im besonderen werden die fundamentalen Permutationssymmetrien der Suszeptibilitätstensoren deutlich.

Letztere haben die Existenz einer Wechselwirkungsenergie (im Sinn einer Zustandsfunktion) zur Folge und führen darüber hinaus zu den Manley-Rowe-Beziehungen, die — obwohl selbst von klassischer Natur — in interessanter Weise mit dem korpuskularen Aspekt der

Strahlung verknüpft sind. Nach einer Orientierung über die wichtigsten nichtlinearen Prozesse werden die für die Kinetik der Vorgänge grundlegenden Bewegungsgleichungen — in Form von Näherungsgleichungen — aus den MAXWELLschen Gleichungen hergeleitet. Daran schließen sich grundsätzliche Betrachtungen über die Quantisierung des Strahlungsfeldes und deren Rolle bei der Beschreibung der nichtlinearen optischen Prozesse an.

Im zweiten Band werden die physikalisch bedeutsamsten nichtlinearen Vorgänge im einzelnen diskutiert. So wird die Harmonischenerzeugung und die optische parametrische Oszillation behandelt, wobei im besonderen die Wirkungsweise der Resonatoren erläutert wird. Es werden explizite Ausdrücke für die stationären Werte der Amplituden der Strahlung sowie die jeweiligen Schwellenwerte der Pumpintensität berechnet. Die anschließende Untersuchung der optischen parametrischen Verstärkung ist mehr von prinzipiellem Interesse im Hinblick auf das Rauschverhalten eines derartigen Verstärkers. Weiterhin wird der dem optischen parametrischen Prozeß zugrunde liegende spontane Elementarvorgang, die sogenannte parametrische Fluoreszenz behandelt. Es folgt eine klassische Beschreibung der stimulierten RAMAN- und BRILLOUIN-Streuung, bei der eine Wechselwirkung der Strahlung mit den Molekül- bzw. Gitterschwingungen stattfindet. Den Abschluß des Buches bildet eine kurze quantenmechanische Diskussion der Mehr-Photonen-Ionisation.

Der Stoff des Buches ist nach der Dezimalklassifikation gegliedert; in jedem Kapitel werden die Formeln durch die Nummer des Abschnitts sowie die laufende Nummer innerhalb des Abschnitts gekennzeichnet, nur bei Verweisen auf Formeln in anderen Kapiteln wird zusätzlich das jeweilige Kapitel mit angegeben. Die Literaturzitate wurden numeriert und sind am Ende des Buches in alphabetischer Reihenfolge zusammengestellt. Im Text wird auf sie durch die jeweilige Nummer in eckigen Klammern hingewiesen.

Bei der Abfassung des Buches war mir das bahnbrechende Buch von Bloembergen [7] ein unschätzbarer Ratgeber. Ich habe mich an verschiedenen Stellen lediglich bemüht, das dort Dargestellte auf eine auch für den Nichtfachmann leichter zugängliche Form zu bringen.

Schließlich danke ich für eine Reihe klärender Diskussionen und wertvoller Hinweise sehr herzlich meinen Kollegen Dipl.-Phys. A. Bandilla, Dr. W. Brunner, Dr. R. Fischer, Dr. J. Frahm, Dr. H. Steudel und Dipl.-Phys. A. Wünsche sowie Herrn Prof. Dr. G. Richter.

Berlin, im Mai 1971

Harry Paul

1. Nichtlineare Polarisation des Mediums

1.1. Einleitung

In den letzten Jahren fand vor allem experimentellerseits eine bemerkenswerte Entwicklung auf dem Gebiet der nichtlinearen Optik statt. Unter den nichtlinearen optischen Erscheinungen verstehen wir dabei solche Vorgänge, bei denen eine nichtlineare Reaktion des Mediums — in Form der Herausbildung einer (hinsichtlich der elektrischen Feldstärke) nichtlinearen Polarisation — auf ein äußeres elektromagnetisches Feld erfolgt. Während entsprechende statische Effekte, so z. B. der POCKELS- und der KERR-Effekt, seit langem bekannt sind, reichten die bisher mit konventionellen Lichtquellen erreichbaren Intensitäten nicht aus, um nichtlineare Erscheinungen auch bei Einstrahlung von Wellen optischer Frequenz beobachten zu können.

Diese Situation änderte sich grundlegend mit dem Aufkommen der Laser, die ja außerordentlich intensive Strahlung zu liefern vermögen. So wurden bald nach der Schaffung des ersten Rubinlasers [42] (unter Verwendung des letzteren) zwei interessante neuartige Experimente durchgeführt, nämlich einerseits der Nachweis einer Zwei-Photonen-Absorption [34] und andererseits die Erzeugung der Harmonischen [19]. Im ersten Fall sind die Niveaus des betreffenden atomaren Übergangs (es handelte sich um das Ion Eu^{2+}, eingebettet in ein CaF_2-Gitter) gerade um den Betrag $2\hbar\omega$ — mit ω als der Kreisfrequenz des eingestrahlten Laserlichts und $\hbar$ als durch 2π dividiertem PLANCKschen Wirkungsquantum — voneinander entfernt, so daß eine normale Absorption (bei der jeweils ein Photon der Energie $\hbar\omega$ „verschluckt" wird) aus energetischen Gründen nicht erfolgen kann; dagegen steht die simultane Absorption zweier Photonen im Einklang mit dem Energiesatz, wobei allerdings die zugehörige Übergangswahrscheinlichkeit wesentlich kleiner ist als im Fall einer Ein-Photonen-Absorption. Bei der Harmonischenerzeugung findet eine Verdopplung der Frequenz der eingestrahlten Welle statt, die man sich so erklären kann, daß die einfallende Strahlung eine mit der doppelten Frequenz oszillierende Polarisation des Mediums verursacht, die wiederum selbst als Quelle für eine neue elektromagnetische Welle, eben die Harmonische, wirksam wird.

Während bei diesen ersten Experimenten der Wirkungsquerschnitt bzw. die Umsetzungsrate außerordentlich klein waren, trat ein wesentlicher Fortschritt durch die weitere Entwicklung der Lasertechnik ein, wo man durch den Bau sogenannter Riesenimpulslaser eine weitere beträchtliche Steigerung der Laserausgangsleistung — allerdings nur im Impulsbetrieb — erreichte. So konnte, um ein Beispiel zu nennen, mit Hilfe eines gütegeschalteten Neodymglas-Lasers, dessen Strahlung zylindrisch fokussiert wurde (wobei im Fokusbereich eine Leistungsdichte von 300—400 MW/cm^2 erhalten wurde) in einem KDP-Kristall die Harmonische mit einem Wirkungsgrad von 48% erzeugt werden [61]. Darüber hinaus wurden weitere neue Effekte systematisch untersucht, von denen wir einige aufzählen wollen.

So wurde neben der Bildung der Summenfrequenz (s. z. B. [4]) auch die Entstehung der Differenzfrequenz (s. z. B. [69]) bei Einstrahlung zweier verschiedener Frequenzen in das nichtlineare Medium beobachtet. Der letztere Prozeß liegt auch dem optischen parametrischen Oszillator (zuerst verwirklicht von [22]) zugrunde. Hier wird die Frequenz einer einfallenden sogenannten Pumpwelle in zwei Anteile „zerlegt", wobei das Verhältnis dieser beiden Frequenzen (ihre Summe ist durch die eingestrahlte Frequenz gegeben) durch eine Änderung der Orientierung des Kristalls oder auch der Kristalltemperatur kontinuierlich variiert werden kann, so daß man eine abstimmbare Lichtquelle (speziell für den sonst experimentell schwer zugänglichen infraroten Spektralbereich) erhält.

Zu den nichtlinearen optischen Erscheinungen werden weiterhin die von [66] zuerst beobachtete induzierte RAMAN- sowie die induzierte BRILLOUIN-Streuung (s. z. B. [20]) gerechnet. Hier findet eine Änderung der Lichtfrequenz unter dem Einfluß des Mediums statt in der Weise, daß Schwingungen der Moleküle bzw. des gesamten Gitters an- oder abgeregt werden. Der Induzierungseffekt besteht dabei darin, daß — im Gegensatz zu den entsprechenden spontanen Prozessen — infolge der starken Einstrahlung die Streustrahlung so intensiv ist, daß sie rückwirkend den Prozeß zu beeinflussen vermag. Die emittierte Strahlung weist eine Reihe von charakteristischen Besonderheiten auf. So ergibt sich bei der induzierten RAMAN-Streuung eine „leiterförmige“ Struktur von STOKES- und Anti-STOKES-Linien mit einem durch eine Schwingungsfrequenz des Moleküls gegebenen Abstand, wobei die Ausstrahlungsrichtungen der Anti-STOKES-Linien auf charakteristischen Kegeln liegen (s. z. B. [14, 43]).

Im folgenden sollen nun die theoretischen Konzeptionen und Modelle, die parallel zu den experimentellen Untersuchungen entwickelt wurden, dargestellt werden. Dabei werden wir im ersten Band mehr grundsätzliche Fragen behandeln, während der zweite Band der Diskussion konkreter Experimente vorbehalten bleibt.

1.2. Der anharmonische Oszillator

Die nichtlinearen optischen Erscheinungen haben ihre Ursache vorwiegend darin, daß das einfallende Licht (das sich aus mehreren monochromatischen Wellen unterschiedlicher Frequenz zusammensetzen möge) an den Atomen des Mediums ein Dipolmoment induziert, das neben den Anteilen, denen jeweils eine der eingestrahlten Frequenzen „aufgeprägt“ wurde, auch solche (FOURIER-) Komponenten enthält, die, allgemein gesprochen, mit Kombinationsfrequenzen (gebildet durch Addition bzw. Subtraktion aus den im einfallenden Licht angeregten Frequenzen) oszillieren. Die Atome reagieren somit einerseits wie lineare Schwingungsgebilde, bei denen also die Auslenkung aus der Ruhelage proportional zur erzwingenden Kraft ist; andererseits erhalten — da, wie wir unten zeigen werden, das Auftreten von Kombinationsfrequenzen in der Schwingung eines (klassischen) Oszillators als Folge einer nichtlinearen Abhängigkeit der rücktreibenden Kraft von der Auslenkung aus der Gleichgewichtslage verstanden werden kann — die atomaren Schwingungen bei großen Intensitäten der eingestrahlten Wellen einen immer stärker ausgeprägten nichtlinearen Charakter.

Das lineare Mitschwingen der Atome mit dem eingestrahlten elektrischen Feld manifestiert sich bekanntlich in den Dispersionseigenschaften der Stoffe, also im Auftreten eines von Eins verschiedenen, frequenzabhängigen Brechungsindex. Zu einer mit Energieaustausch verbundenen Wechselwirkung mit dem Medium (in Form von induzierter Emission oder Absorption) kommt es in diesem Fall nur bei Resonanz zwischen der Strahlung und den Atomen; hier erfuhr das Bild des Mitschwingens der Atome, d. h. die Vorstellung eines vom äußeren Feld induzierten, mit gleicher Frequenz wie das letztere oszillierenden Dipolmoments kürzlich eine erneute Bestätigung durch die (semiklassische) Theorie des Lasers ([38], vgl. auch [46]). Eine gegenseitige Beeinflussung von Wellen unterschiedlicher Frequenz dagegen findet bei linearer Wechselwirkung mit dem Medium nicht statt.

Eine Kopplung zwischen verschiedenen Wellen kann erst über nichtlineare Schwingungen der Atome erfolgen. In diesem Fall besteht die Möglichkeit, Energie von einer Frequenz auf eine andere zu übertragen und damit im besonderen neue Frequenzen (z. B. die Harmonische oder die Differenzfrequenz) zu erzeugen.

Wir wollen nun den nichtlinearen Schwingungsvorgang in einfachster Form, nämlich im (klassischen) Modell eines eindimensionalen anharmonischen Oszillators, auf den eine äußere Kraft $K(t)$ einwirke, etwas eingehender untersuchen. Die Bewegungsgleichung lautet in diesem Fall, wenn wir uns auf eine quadratische Korrektur des linearen (HOOKEschen) Gesetzes für die rücktreibende Kraft beschränken,

$$\ddot{x} + \omega_0^2 x + \varepsilon x^2 = K(t) \tag{2.1}$$

mit ω_0 als Frequenz[1]) der freien Schwingung. Die äußere Kraft $K(t)$ denken wir uns aus zwei oder mehr Anteilen bestehend, die jeweils mit einer anderen Frequenz oszillieren, was wir formelmäßig am einfachsten durch die Relation

$$K(t) = \sum_{\omega} K(\omega) e^{i\omega t} \tag{2.2}$$

ausdrücken mit der Maßgabe, daß ω die Werte der in der äußeren Kraft vertretenen (diskreten) Frequenzen und zugleich die dazugehörigen negativen Werte durchlaufe. (In der Summe (2.2) kommt also jede Frequenz doppelt, nämlich einmal mit positivem und einmal mit negativem Vorzeichen behaftet, vor.) Da $K(t)$ reell sein soll, sind die Koeffizienten $K(\omega)$ und $K(-\omega)$ durch die Relation

$$K(-\omega) = K^*(\omega) \tag{2.3}$$

(der Stern bedeute die Bildung des konjugiert komplexen Wertes) miteinander verknüpft.

Wir lösen die Dgl. (2.1) näherungsweise, und zwar lassen wir zunächst die (als kleine Korrektur betrachtete) Nichtlinearität εx^2 weg (nullte Näherung). Dann gibt die äußere Kraft bekanntlich Anlaß zu einem erzwungenen Mitschwingen des Oszillators mit den Frequenzen, mit

[1]) Wir sprechen im folgenden der Kürze halber stets nur von Frequenz, meinen aber, wenn nicht ausdrücklich anders bemerkt, die Kreisfrequenz.

denen die äußere Kraft oszilliert. Explizit erhält man als nullte Näherung für die Auslenkung x, wenn man mit dem Ansatz

$$x^{(0)}(t) = \sum_{\omega} C(\omega)\, e^{i\omega t} \tag{2.4}$$

in die (linearisierte) Dgl. (2.1) eingeht, sofort die Lösung

$$C(\omega) = \frac{K(\omega)}{\omega_0^2 - \omega^2} \tag{2.5}$$

und damit

$$x^{(0)}(t) = \sum_{\omega} \frac{K(\omega)}{\omega_0^2 - \omega^2}\, e^{i\omega t}. \tag{2.6}$$

Beim folgenden Näherungsschritt ersetzen wir in der Nichtlinearität die Auslenkung x näherungsweise durch die eben erhaltene nullte (lineare) Näherung $x^{(0)}$. Der so entstehende Term spielt dann, auf die rechte Seite von Gl. (2.1) gebracht, offenbar die Rolle einer zusätzlichen äußeren Kraft

$$K^{(1)}(t) = -\varepsilon \sum_{\omega,\omega'} \frac{K(\omega)\, K(\omega')}{(\omega_0^2 - \omega^2)(\omega_0^2 - \omega'^2)}\, e^{i(\omega+\omega')t} \tag{2.7}$$

für den *harmonischen* Oszillator, die jetzt allerdings nicht mit den Frequenzen ω schwingt, sondern mit den Linearkombinationen $\omega + \omega'$, die — da ω, ω' nach dem Obigen sowohl positive als auch negative Werte annehmen können — Summen- oder Differenzfrequenzen sein können (einschließlich des Wertes 0, der für $\omega' = -\omega$ auftritt). Die Anwendung der Formel (2.5) auf die Kraft (2.7) liefert dann den folgenden Zusatzterm zur Lösung $x^{(0)}$

$$x^{(1)}(t) = -\varepsilon \sum_{\omega,\omega'} \frac{K(\omega)\, K(\omega')\, e^{i(\omega+\omega')t}}{[\omega_0^2 - (\omega + \omega')^2](\omega_0^2 - \omega^2)(\omega_0^2 - \omega'^2)}, \tag{2.8}$$

der offenbar (im Fall eines elektrisch geladenen Teilchens)

das Auftreten eines nichtlinearen Dipolmoments, das mit den Summen- bzw. Differenzfrequenzen schwingt, zum Ausdruck bringt. Dieses nichtlineare Dipolmoment wird nun selbst zur Quelle einer elektromagnetischen Strahlung, und auf diese Weise kommt es zur Ausstrahlung von Summen- bzw. Differenzfrequenzen; der anharmonische Oszillator bewirkt eine Frequenzumsetzung.

Verallgemeinert man die durchgeführte Rechnung auf den Fall, daß in Gl. (2.1) außer der quadratischen Nichtlinearität auch noch Terme höherer Ordnung in x vorkommen, so gelangt man, wie leicht einzusehen ist, zu der Feststellung, daß als mögliche Schwingungsfrequenzen des induzierten Dipolmoments zusätzlich Kombinationen aus drei, vier usf. Grundfrequenzen auftreten.

Nach diesen orientierenden Überlegungen am Modell des anharmonischen Oszillators wollen wir im folgenden die — zur Ausbildung eines nichtlinearen Dipolmoments führende — Einwirkung eines äußeren elektromagnetischen Feldes auf ein quantenmechanisch beschriebenes Atom[1]) eingehender studieren.

1.3. Quantenmechanische Störungsrechnung

Wir berechnen die Zustandsänderung — anschaulich gesprochen die „Deformation“ —, die ein Atom in einem vorgegebenen elektromagnetischen Feld erleidet. Um möglichst leicht überschaubare Verhältnisse zu haben, denken wir uns das Atom in einem bestimmten Raum-„punkt“ lokalisiert und abstrahieren zunächst von den Einflüssen, denen es im Normalfall von seiten seiner Umgebung ausgesetzt ist. (Im Fall eines Gases handelt es sich dabei vorwiegend um Stöße mit anderen Atomen, im Fall eines in einem Festkörper eingelagerten Atoms hauptsächlich um die Wechselwirkung mit dem Kristallgitter.) Wir vernachlässigen also die sogenannten Relaxa-

---

[1]) Der Terminus „Atom“ ist im folgenden nicht unbedingt wörtlich zu verstehen. Wir benutzen ihn allgemein zur Bezeichnung der mikroskopischen Bestandteile eines Mediums, also auch von Molekülen.

tionsvorgänge (in Abschn. 1.7 werden wir sie in einer phänomenologischen Weise berücksichtigen), was — wie sich zeigen wird — dann gerechtfertigt ist, wenn sich weder die eingestrahlten Frequenzen noch die Kombinationsfrequenzen in Resonanz mit dem Atom befinden, d. h., wenn die genannten Frequenzen von sämtlichen Atomfrequenzen (Niveauabständen in Einheiten von $\hbar$) verschieden sind. Um der diskreten (im Auftreten diskreter Energieniveaus zum Ausdruck kommenden) Struktur des Atoms gerecht zu werden, ist eine quantenmechanische Beschreibung des Atoms unerläßlich. Die einfallende elektromagnetische Strahlung dagegen kann — da wir sie als genügend intensiv voraussetzen, so daß keine spezifischen Quanteneffekte zur Geltung kommen — in guter Näherung klassisch behandelt werden, d. h., wir untersuchen die Wechselwirkung zwischen dem Strahlungsfeld und dem Atom in der sogenannten semiklassischen Theorie. Dazu verwenden wir die zeitabhängige (DIRACsche) Störungsrechnung, die wir zunächst in ihren Grundzügen rekapitulieren wollen. Wir setzen voraus, daß sich der HAMILTON-Operator des betrachteten quantenmechanischen Systems gemäß der Relation

$$H = H^0 + H^W \tag{3.1}$$

in einen ungestörten (H^0) und einen die Störung repräsentierenden Anteil (H^W) zerlegen läßt, und entwickeln den Zustandsvektor (die Wellenfunktion) Ψ des Systems nach den (zeitunabhängigen) Eigenvektoren u_k von H^0 in der Form

$$\Psi(t) = \sum_k c_k(t)\, e^{-i\omega_k t}\, u_k, \tag{3.2}$$

wobei $\hbar\omega_k$ den zum Eigenvektor u_k gehörigen Eigenwert bezeichne. Die Faktoren $\exp\{-i\omega_k t\}$, die aus Gründen mathematischer Vereinfachung in den Ansatz (3.2) aufgenommen wurden, bringen dabei die ungestörte zeitliche Entwicklung zum Ausdruck. Die Koeffizienten c_k repräsentieren somit die Wellenfunktion in der sogenannten Wechselwirkungsdarstellung.

Aus der SCHRÖDINGER-Gleichung

$$i\hbar \frac{\partial \Psi}{\partial t} = H \Psi \tag{3.3}$$

erhält man dann unter Berücksichtigung der Orthonormiertheit der Eigenvektoren u_k leicht das folgende System von Differentialgleichungen für die Koeffizienten c_k

$$i\hbar \dot{c}_k = \sum_{k'} H^W_{kk'} \, e^{i\omega_{kk'} t} \, c_{k'}, \tag{3.4}$$

wobei die Abkürzungen

$$H^W_{kk'} = \langle u_k \,|\, H^W \,|\, u_{k'} \rangle \tag{3.5}$$

und

$$\omega_{kk'} = \omega_k - \omega_{k'} \tag{3.6}$$

verwendet wurden.

Das Verfahren der Störungstheorie besteht nun bekanntlich darin, daß das (exakte!) Gleichungssystem (3.4) iterativ gelöst wird: Als nullte Näherung werden die Anfangswerte benutzt

$$c_k^{(0)} = c_k(0) \tag{3.7}$$

(wenn $t = 0$ den Zeitpunkt des „Einschaltens" der Wechselwirkung bezeichnet), durch Einsetzen dieser Werte in die rechte Seite von Gl. (3.4) und Ausführung der zeitlichen Integration ergibt sich ein Beitrag $c_k^{(1)}$ von erster Ordnung (bezüglich der Kopplungskonstante) zur Lösung

$$c_k = c_k^{(0)} + c_k^{(1)} + \dots \tag{3.8}$$

der SCHRÖDINGER-Gleichung; die Wiederholung dieses Verfahrens (mit $c_k^{(1)}$ an Stelle von $c_k^{(0)}$) liefert den Beitrag $c_k^{(2)}$ zweiter Ordnung usf. Da die Anfangsbedingung offenbar schon von der nullten Näherung erfüllt wird, müssen die Beiträge höherer Ordnung die Anfangsbedingung

$$c_k^{(\nu)}(0) = 0 \qquad (\nu = 1, 2, \ldots) \tag{3.9}$$

befriedigen.

Wir wenden nun das störungstheoretische Verfahren auf den uns interessierenden Fall eines Atoms an, das sich in einem intensiven elektromagnetischen Feld befindet. Letzteres soll als eine vorgegebene äußere Störung behandelt werden, d. h., es geht nur in den Wechselwirkungsoperator H^W ein. Unter dem oben benutzten Symbol u_k sind somit die Energie-Eigenzustände des (unbeeinflußten) Atoms zu verstehen, und als Wechselwirkungsoperator kann bei optischen Frequenzen — für den Fall, daß im wesentlichen nur ein Elektron an der Wechselwirkung teilnimmt — bekanntlich der Ausdruck

$$H^W = -\boldsymbol{D}\boldsymbol{E}(\boldsymbol{r}_S, t) \tag{3.10}$$

verwendet werden. Hier bezeichnet $\boldsymbol{D}$ den Operator des elektrischen Dipolmoments des Atoms (es gilt $\boldsymbol{D} = e\boldsymbol{r}$ mit e als Elektronenladung und $\boldsymbol{r}$ als — vom Schwerpunkt des Atoms aus gezähltem — Ortsvektor des an der Wechselwirkung beteiligten Elektrons) und $\boldsymbol{E}(\boldsymbol{r}_S, t)$ die vorgegebene elektrische Feldstärke am Ort $\boldsymbol{r}_S$ des Atomschwerpunkts.

Der Ausdruck (3.10) beschreibt die Wechselwirkung zwischen Atom und Strahlungsfeld in der sogenannten Dipolnäherung, die darin besteht, daß die räumliche Änderung der elektrischen Feldstärke im Bereich der Atomdimensionen vernachlässigt wird, was bei optischen Frequenzen durchaus gerechtfertigt ist. (Die Wechselwirkung des Feldes mit atomaren elektrischen Quadrupolen, magnetischen Dipolen usf. spielt in der nichtlinearen Optik nur eine untergeordnete Rolle; wir lassen sie daher außer Betracht.) In der Tat ist in Dipolnäherung der Operator (3.10) dem in nichtrelativistischer Näherung exakten Wechselwirkungsoperator

$$H^W = -\frac{e}{mc}\boldsymbol{p}\boldsymbol{A} + \frac{e^2}{2mc^2}\boldsymbol{A}^2 \tag{3.11}$$

(c Lichtgeschwindigkeit, m Masse und $\boldsymbol{p}$ Impulsoperator des Elektrons, $\boldsymbol{A}$ Vektorpotential des Strahlungsfeldes) äquivalent (s. z. B. [27, 53, 51, 49]).

Die elektrische Feldstärke am Ort $\boldsymbol{r}_S$ des Atomschwerpunkts denken wir uns als eine Superposition von mehreren monochromatischen Schwingungen unterschiedlicher Frequenz, d. h., wir schreiben

$$\boldsymbol{E}(\boldsymbol{r}_S, t) = \sum_{\omega} \boldsymbol{E}(\boldsymbol{r}_S; \omega)\, e^{i\omega t}, \tag{3.12}$$

wobei sich die Summation wie bei Gl. (2.2) außer über die positiven zugleich auch über die zugehörigen negativen Frequenzwerte erstrecke. Aus Stetigkeitsgründen werden wir vereinbaren, daß im Spezialfall eines statischen elektrischen Feldes der Summationsindex ω zweimal den Wert Null (sozusagen einmal als $+0$ und einmal als -0) annimmt. Wegen der Realität von $\boldsymbol{E}(\boldsymbol{r}_S, t)$ gilt analog zu Gl. (2.3)

$$\boldsymbol{E}(\boldsymbol{r}_S;\ -\omega) = \boldsymbol{E}^*(\boldsymbol{r}_S; \omega)\,. \tag{3.13}$$

Das Matrixelement (3.5) des Wechselwirkungsoperators besitzt nach Gln. (3.10) und (3.12) die folgende konkrete Form

$$H^W_{kk'} = -\sum_{\omega} \boldsymbol{D}_{kk'}\boldsymbol{E}(\boldsymbol{r}_S; \omega)\, e^{i\omega t} \tag{3.14}$$

mit

$$\boldsymbol{D}_{kk'} = \langle u_k \,|\, \boldsymbol{D} \,|\, u_{k'}\rangle \tag{3.15}$$

als Matrixelement des elektrischen Dipoloperators des Atoms.

Da wir nur an dem „eingeschwungenen“ Zustand des Atoms interessiert sind, stellen wir uns vor, daß das Einschalten der Störung „adiabatisch“ erfolgt, d. h., daß die elektrische Feldstärke „unendlich langsam" von Null an auf den zu einer endlichen Zeit t vorliegenden Wert (3.12) angewachsen ist, was formal bedeutet, daß wir Gl. (3.12) ersetzen durch

$$\boldsymbol{E}(\boldsymbol{r}_S, t) = \sum_{\omega} \boldsymbol{E}(\boldsymbol{r}_S; \omega)\, e^{(i\omega+\varepsilon)t}, \tag{3.16}$$

wobei ε eine positive Größe bezeichne, die so klein ist, daß sie gegenüber ω vernachlässigt und $\exp\{\varepsilon t\}$ für die betrachteten (endlichen) Zeiten t, in denen wir das gestörte Atom beschreiben wollen, in guter Näherung gleich Eins gesetzt werden kann. Verschieben wir den Anfangszeitpunkt t_0 für das Einsetzen der Störung nach $-\infty$, so garantiert die Größe ε das allmähliche Anwachsen der elektrischen Feldstärke und damit der Störung. (Im Limes $\varepsilon \to +0$ erfolgt der Einschaltvorgang „unendlich langsam".)

Durch die Konzeption des adiabatischen Einschaltens der Störung vermeiden wir das Auftreten überflüssiger, nämlich physikalisch bedeutungsloser Terme in den störungstheoretischen Formeln, die bekanntlich dann in Erscheinung treten, wenn man sich die Wechselwirkung „momentan" eingeschaltet denkt (vgl. z. B. [54]), und die daher mit dem unrealistischen plötzlichen Einschaltvorgang verknüpfte Einschwingvorgänge beschreiben.

Setzen wir voraus, daß sich das Atom vor Einsetzen der Wechselwirkung in einem bestimmten Niveau l befindet:

$$c_k^{(0)}(t) = c_k(-\infty) = \delta_{kl} \tag{3.17}$$

(δ_{kl} Kronecker-Symbol), so lautet also nach Gln. (3.4) und (3.16) die Schrödinger-Gleichung in erster störungstheoretischer Ordnung

$$i\hbar \dot{c}_k^{(1)} = -\sum_{\omega} \boldsymbol{D}_{kl} \boldsymbol{E}(\boldsymbol{r}_S; \omega)\, e^{i(\omega+\omega_{kl}-i\varepsilon)t}, \tag{3.18}$$

woraus man durch zeitliche Integration von $-\infty$ bis zur

Beobachtungszeit t unter Beachtung der oben präzisierten Kleinheit von ε die Beziehung

$$c_k^{(1)}(t) = \frac{1}{\hbar} \sum_{\omega} \boldsymbol{D}_{kl} \boldsymbol{E}(\boldsymbol{r}_S; \omega) \frac{e^{i(\omega + \omega_{kl})t}}{\omega + \omega_{kl}} \tag{3.19}$$

erhält. (Bei momentanem Einschalten der Störung, sagen wir zur Zeit $t = 0$, träte an die Stelle der Exponentialfunktion in Gl. (3.19) die Differenz $\exp\{i(\omega + \omega_{kl})t\} - 1$; die Konzeption des adiabatischen Einschaltens führt also zu einer mathematischen Vereinfachung, die — wegen des iterativen Charakters der Störungsrechnung — um so beträchtlicher ist, je weiter man die störungstheoretische Näherung treibt.)

In zweiter Ordnung der Störungstheorie ergibt sich durch Einsetzen des Ausdrucks (3.19) in die rechte Seite der SCHRÖDINGER-Gleichung (3.4) die folgende Differentialgleichung (wobei man allerdings konsequenterweise den in (3.19) schon vernachlässigten Faktor $\exp\{\varepsilon t\}$ mitzunehmen hat, da man die Größe $c_k^{(1)}(t)$ auch für weit zurückliegende Zeiten benötigt)

$$i\hbar\, \dot{c}_k^{(2)} = -\frac{1}{\hbar} \sum_{k',\omega,\omega'} (\boldsymbol{D}_{kk'} \boldsymbol{E}(\boldsymbol{r}_S; \omega'))(\boldsymbol{D}_{k'l} \boldsymbol{E}(\boldsymbol{r}_S; \omega)) \times e^{i(\omega' + \omega_{kk'} - i\varepsilon)t} \frac{e^{i(\omega + \omega_{k'l} - i\varepsilon)t}}{\omega + \omega_{k'l}} \tag{3.20}$$

mit der Lösung (im Limes $\varepsilon \to +0$)

$$c_k^{(2)}(t) = \frac{1}{\hbar^2} \sum_{k',\omega,\omega'} (\boldsymbol{D}_{kk'} \boldsymbol{E}(\boldsymbol{r}_S; \omega'))(\boldsymbol{D}_{k'l} \boldsymbol{E}(\boldsymbol{r}_S; \omega)) \times \frac{e^{i(\omega' + \omega + \omega_{kl})t}}{(\omega + \omega_{k'l})(\omega' + \omega + \omega_{kl})}. \tag{3.21}$$

Wir brechen die störungstheoretische Entwicklung an dieser Stelle ab, weil, wie sich zeigen wird, typische nichtlineare Effekte bereits in der zweiten Ordnung der

Störungstheorie auftreten und sich die dort erhaltenen Aussagen leicht auf den Fall höherer störungstheoretischer Ordnung verallgemeinern lassen.

Für die Wellenfunktion des gestörten Atoms können wir somit auf Grund der Gln. (3.2), (3.19) und (3.21) schreiben, wenn wir noch die Abkürzungen

$$\alpha_k(\omega) = \frac{\boldsymbol{D}_{kl}\boldsymbol{E}(\boldsymbol{r}_S;\omega)}{\hbar(\omega + \omega_{kl})} \tag{3.22}$$

und

$$\beta_k(\omega,\omega') = \sum_{k'} \frac{(\boldsymbol{D}_{kk'}\boldsymbol{E}(\boldsymbol{r}_S;\omega))(\boldsymbol{D}_{k'l}\boldsymbol{E}(\boldsymbol{r}_S;\omega'))}{\hbar^2(\omega' + \omega_{k'l})(\omega + \omega' + \omega_{kl})} \tag{3.23}$$

einführen,

$$\Psi(t) = e^{-i\omega_l t}u_l + \sum_k \Big\{\sum_\omega \alpha_k(\omega)\, e^{i(\omega+\omega_{kl}-\omega_k)t} + \sum_{\omega,\omega'} \beta_k(\omega,\omega')\, e^{i(\omega+\omega'+\omega_{kl}-\omega_k)t}\Big\}\, u_k \tag{3.24}$$

oder, da der allen Summanden in (3.24) gemeinsame Phasenfaktor $\exp\{-i\omega_l t\}$ keine physikalische Bedeutung besitzt,

$$\Psi(t) = u_l + \sum_k \Big\{\sum_\omega \alpha_k(\omega)\, e^{i\omega t} + \sum_{\omega,\omega'} \beta_k(\omega,\omega')\, e^{i(\omega+\omega')t}\Big\}\, u_k. \tag{3.25}$$

Dabei repräsentieren also die Koeffizienten α_k die Beiträge erster und die Koeffizienten β_k die Beiträge zweiter störungstheoretischer Ordnung.

1.4. *Das induzierte Dipolmoment*

Mit Hilfe der Ergebnisse des vorhergehenden Abschnitts können wir nun ohne weiteres das vom äußeren Feld am Atom induzierte Dipolmoment — im Sinn des quantenmechanischen Erwartungswerts des Dipoloperators des Atoms — berechnen. Aus Gl. (3.25) ist zunächst ersichtlich, daß sich in der ersten Ordnung der Störungstheorie (d. h. bei Beschränkung auf die in den Koeffizienten α_k linearen Terme) nur solche Beiträge zum Dipolmoment ergeben, die mit einer der von außen eingestrahlten Frequenzen oszillieren. Es findet also ein lineares Mitschwingen des Atoms mit dem äußeren Feld statt, das bekanntlich als Ursache der Dispersion des Mediums (ausgedrückt durch eine frequenzabhängige Dielektrizitätskonstante, s. Gl. (6.14)) anzusehen ist. Nur in Resonanznähe (d. h. für den Fall, daß eine der Frequenzen der einfallenden Welle mit einem Niveauabstand ω_{kl} betragsmäßig näherungsweise übereinstimmt) gibt dieses Oszillieren des Atoms Anlaß zu physikalischen Prozessen, die mit der Erzeugung oder Vernichtung von Strahlungsenergie verbunden sind, nämlich zu induzierter Emission bzw. Absorption, wie es beispielsweise durch den Laser in sehr eindrucksvoller Weise demonstriert wird. (Näheres hierzu s. z. B. [46].) Nichtlineare Effekte lassen sich erst aus dem Beitrag zweiter Ordnung (hinsichtlich der Kopplungskonstante) zum induzierten Dipolmoment folgern, für den man unter Verwendung von Gl. (3.25) den folgenden Ausdruck erhält

$$\begin{aligned}\langle \boldsymbol{D}^{(2)}(t)\rangle = \sum_{k,\omega,\omega'} \{&\boldsymbol{D}_{lk}\beta_k(\omega,\omega')\, e^{i(\omega+\omega')t} \\ &+ \boldsymbol{D}_{kl}\beta_k^*(\omega,\omega')\, e^{-i(\omega+\omega')t}\} \\ &+ \sum_{\substack{k,k'\\ \omega,\omega'}} \boldsymbol{D}_{k'k}\alpha_{k'}^*(\omega)\,\alpha_k(\omega')\, e^{i(\omega'-\omega)t} \qquad (4.1)\end{aligned}$$

oder, wenn man beachtet, daß ω und $-\omega$ bei der Summation den gleichen Wertebereich durchlaufen,

$$\begin{aligned}\langle \boldsymbol{D}^{(2)}(t)\rangle = \sum_{\omega,\omega'} e^{i(\omega+\omega')t} \Big\{&\sum_k \boldsymbol{D}_{lk}\beta_k(\omega,\omega') \\ + \sum_k \boldsymbol{D}_{kl}\beta_k^*(-\omega,-\omega') + &\sum_{k,k'} \boldsymbol{D}_{k'k}\alpha_{k'}^*(-\omega)\,\alpha_k(\omega')\Big\}. \qquad (4.2)\end{aligned}$$

Benutzen wir den Index μ (bzw. μ' oder μ'') zur Kennzeichnung der kartesischen Komponenten der Vektoren $\boldsymbol{D}$ und $\boldsymbol{E}$ und setzen für α_k und β_k die expliziten Werte gemäß Gln. (3.22) und (3.23) ein, so können wir Gl. (4.2) unter Beachtung von Gl. (3.13) detaillierter schreiben als

$$\langle D_\mu^{(2)}(t)\rangle = \sum_{\substack{\mu',\mu''\\ \omega',\omega''}} \tilde{\eta}_{\mu\mu'\mu''}(\omega'+\omega'';\omega',\omega'') E_{\mu'}(\boldsymbol{r}_S;\omega')\, e^{i\omega' t} \times E_{\mu''}(\boldsymbol{r}_S;\omega'')\, e^{i\omega'' t} \tag{4.3}$$

mit[1])

$$\tilde{\eta}_{\mu\mu'\mu''}(\omega'+\omega'';\omega',\omega'') = \frac{1}{\hbar^2}\sum_{k,k'}\left\{\frac{D^{\mu}_{lk}D^{\mu'}_{kk'}D^{\mu''}_{k'l}}{(\omega''+\omega_{k'l})(\omega'+\omega''+\omega_{kl})} + \frac{D^{\mu}_{kl}D^{\mu'*}_{kk'}D^{\mu''*}_{k'l}}{(-\omega''+\omega_{k'l})(-\omega'-\omega''+\omega_{kl})} + \frac{D^{\mu}_{k'k}D^{\mu'*}_{k'l}D^{\mu''}_{kl}}{(-\omega'+\omega_{k'l})(\omega''+\omega_{kl})}\right\}. \tag{4.4}$$

Die dabei verwendete Symbolik — das zusätzliche Aufschreiben der Summenfrequenz $\omega' + \omega''$ als Argument von $\tilde{\eta}$ — erweist sich als sehr zweckmäßig bei der Diskussion von Symmetriebeziehungen, wie wir unten sehen werden.

Nun ist, wie man leicht nachprüft, die Größe (4.4) *nicht* invariant gegenüber der simultanen Vertauschung

$$\mu', \omega' \leftrightarrow \mu'', \omega''. \tag{4.5}$$

Da aber andererseits das Produkt der restlichen Faktoren auf der rechten Seite von Gl. (4.3) die genannte Symme-

[1]) In Gl. (4.4) wurden bei den Matrixelementen des Operators $\boldsymbol{D}$ die Indizes μ, μ', μ'' lediglich der besseren Übersichtlichkeit halber hochgestellt.

trie trivialerweise besitzt, ist nur der bezüglich der Substitution (4.5) symmetrische Anteil des Tensors $\tilde{\eta}$ — um einen solchen handelt es sich ja offenbar — von Bedeutung:

$$\eta_{\mu\mu'\mu''}(\omega' + \omega''; \omega', \omega'') = \frac{1}{2}\{\tilde{\eta}_{\mu\mu'\mu''}(\omega' + \omega''; \omega', \omega'') + \tilde{\eta}_{\mu\mu''\mu'}(\omega' + \omega''; \omega'', \omega')\}, \tag{4.6}$$

und wir können Gl. (4.3) auf die endgültige Form

$$\langle D_\mu^{(2)}(t)\rangle = \sum_{\substack{\mu',\mu'' \\ \omega',\omega''}} \eta_{\mu\mu'\mu''}(\omega; \omega', \omega'') \, E_{\mu'}(\boldsymbol{r}_S; \omega') \times E_{\mu''}(\boldsymbol{r}_S; \omega'') \, e^{i\omega t} \tag{4.7}$$

bringen mit

$$\eta_{\mu\mu'\mu''}(\omega; \omega', \omega'') = \frac{1}{2\hbar^2} \sum_{k,k'} \left\{ \frac{D^{\mu}_{lk} D^{\mu'}_{kk'} D^{\mu''}_{k'l}}{(\omega'' + \omega_{k'l})(\omega + \omega_{kl})} + \frac{D^{\mu}_{lk} D^{\mu''}_{kk'} D^{\mu'}_{k'l}}{(\omega' + \omega_{k'l})(\omega + \omega_{kl})} + \frac{D^{\mu}_{kl} D^{\mu'*}_{kk'} D^{\mu''*}_{k'l}}{(-\omega'' + \omega_{k'l})(-\omega + \omega_{kl})} + \frac{D^{\mu}_{kl} D^{\mu''*}_{kk'} D^{\mu'*}_{k'l}}{(-\omega' + \omega_{k'l})(-\omega + \omega_{kl})} + \frac{D^{\mu}_{k'k} D^{\mu'*}_{k'l} D^{\mu''}_{kl}}{(-\omega' + \omega_{k'l})(\omega'' + \omega_{kl})} + \frac{D^{\mu}_{k'k} D^{\mu''*}_{k'l} D^{\mu'}_{kl}}{(-\omega'' + \omega_{k'l})(\omega' + \omega_{kl})} \right\} \tag{4.8}$$

und

$$\omega = \omega' + \omega''. \tag{4.9}$$

(Die formale Ersetzung der Summe $\omega' + \omega''$ durch eine neue Größe ω empfiehlt sich im Hinblick auf Symmetrieuntersuchungen, wie sie im folgenden Abschnitt durchgeführt werden.)

Offenbar bringt Gl. (4.7) zusammen mit (4.9) eine quadratische Nichtlinearität des Atoms in seiner Reaktion auf das äußere Feld zum Ausdruck: Das induzierte Dipolmoment schwingt mit sämtlichen Kombinationsfrequenzen $\omega' + \omega''$, die also (da die Frequenzen in unserer Symbolik auch negative Werte annehmen können) sowohl Summen- als auch Differenzfrequenzen sein können. Man wird vermuten — und in der Tat läßt sich dies durch explizite Rechnung ohne weiteres bestätigen — daß in der dritten Ordnung der Störungstheorie Kombinationsfrequenzen der Form

$$\omega = \omega' + \omega'' + \omega''' \tag{4.10}$$

auftreten usf., d. h., daß allgemein die Ordnung der Störungstheorie mit der Zahl der miteinander kombinierenden Frequenzen identisch ist.

Bevor wir uns mit den physikalischen Prozessen befassen, die sich auf der Grundlage von Gln. (4.7)—(4.9) verstehen bzw. vorhersagen lassen, wollen wir die formalen Eigenschaften des Tensors (4.8) studieren.

1.5. Permutationssymmetrien des Tensors $\eta_{\mu\mu'\mu''}(\omega; \omega', \omega'')$

Im vorhergehenden Abschnitt konnten wir die Symmetrie des Tensors $\eta_{\mu\mu'\mu''}(\omega; \omega', \omega'')$ bezüglich der Substitution (4.5), also die Gültigkeit der Relation

$$\eta_{\mu\mu'\mu''}(\omega; \omega', \omega'') = \eta_{\mu\mu''\mu'}(\omega; \omega'', \omega') \tag{5.1}$$

sozusagen „erzwingen“. Bemerkenswert ist, daß man die Indizes μ' und μ'' nicht allein vertauschen darf, sondern daß die zugehörigen Frequenzen der gleichen Operation zu unterwerfen sind. Man wird vermuten, daß dieses „Anheften“ der Frequenz an den Index μ generell vorzunehmen ist, wenn man Symmetrieoperationen für den Tensor $\eta_{\mu\mu'\mu''}(\omega; \omega', \omega'')$ auffinden will. Es liegt nahe, statt der letzten beiden Indizes auch einmal die ersten beiden (einschließlich der zugehörigen Frequenzen) zu vertauschen, also zu ersetzen

$$\mu, \omega \leftrightarrow \mu', \omega'. \tag{5.2}$$

Führt man jedoch diese Substitution in dem Ausdruck (4.8) wirklich durch, so gelangt man zu der Feststellung, daß sich die Größe $\eta_{\mu\mu'\mu''}(\omega; \omega', \omega'')$ *nicht* reproduziert. Eine Invarianz findet man vielmehr erst dann, wenn man die Substitution (5.2) abändert in

$$\mu, \omega \rightarrow \mu', -\omega' \quad \text{und} \quad \mu', \omega' \rightarrow \mu, -\omega. \tag{5.3}$$

Der hier auftretende Vorzeichenwechsel bei der Frequenz erscheint aus formalen Gründen „natürlich", wenn man beachtet, daß das erste Argument von η gemäß Gl. (4.9) gleich der Summe der beiden anderen Argumente ist. Offenbar bleibt dieser Zusammenhang gerade bei der Substitution (5.3) – nicht dagegen im Fall von (5.2) – erhalten, da ja aus (4.9) sofort

$$-\omega' = -\omega + \omega'' \tag{5.4}$$

folgt. (Bei der Vertauschung (4.5) bleibt (4.9) trivialerweise ungeändert.)

In der Tat geht bei der Substitution (5.3), wenn man noch von der (aus der Hermitizität des Operators $\boldsymbol{D}$ folgenden) Beziehung

$$\boldsymbol{D}^*_{kk'} = \boldsymbol{D}_{k'k} \tag{5.5}$$

Gebrauch macht, der erste Term unter der Doppelsumme von Gl. (4.8) in den fünften über und umgekehrt der fünfte in den ersten (wobei, genau gesprochen, noch die Indizes k und k' zu vertauschen sind, was aber im Hinblick auf die noch auszuführende Summation über k und k' ohne Bedeutung ist), und das gleiche Verhältnis besteht zwischen dem zweiten und dem vierten sowie dem dritten und dem sechsten Term (wobei im letzten Fall keine Vertauschung von k und k' nötig ist).

Damit gilt also die bedeutsame Symmetriebeziehung[1])

$$\eta_{\mu\mu'\mu''}(\omega;\omega',\omega'') = \eta_{\mu'\mu\mu''}(-\omega';-\omega,\omega''), \quad (5.6)$$

deren physikalische Konsequenzen wir später diskutieren werden (s. Abschn. 2.1, 2.2 und 3.2).

Aus Gln. (5.6) und (5.1) folgt speziell für den Fall, daß die Dispersion in dem betrachteten (sämtliche drei Frequenzen ω, ω', ω'' umfassenden) Frequenzbereich vernachlässigbar ist, die Symmetrie des Tensors $\eta_{\mu\mu'\mu''}$ bezüglich aller Indizes μ, μ', μ''.

Auf Grund der Invarianz von $\eta_{\mu\mu'\mu''}(\omega;\omega',\omega'')$ gegenüber der Vertauschung der letzten beiden Indizes (einschließlich der zugehörigen Frequenzen) können wir Gl. (5.6) fortsetzen gemäß

$$\eta_{\mu'\mu\mu''}(-\omega';-\omega,\omega'') = \eta_{\mu'\mu''\mu}(-\omega';\omega'',-\omega). \quad (5.7)$$

Führen wir im letzten Ausdruck noch einmal die Vertauschung der ersten beiden Indizes und Frequenzen im Sinn von (5.3) durch, so erhalten wir aus Gln. (5.6) und (5.7) zusammen insgesamt die Relation

$$\eta_{\mu\mu'\mu''}(\omega;\omega',\omega'') = \eta_{\mu''\mu'\mu}(-\omega'';\omega',-\omega), \quad (5.8)$$

---

[1]) Wir weisen darauf hin, daß die Relation (5.6) in der Literatur gelegentlich in einer anderen Form dargestellt wird (s. z. B. [13]). Dies hängt damit zusammen, daß abweichend von unserer Symbolik die Größe (4.8) als $\eta_{\mu\mu'\mu''}(-\omega;\omega',\omega'')$ bezeichnet wird. Dadurch vermeidet man die formale Auszeichnung der Frequenz ω (an Stelle von Gl. (4.9) gilt nunmehr $\omega + \omega' + \omega'' = 0$), und die Beziehung (5.6) nimmt die einfache Gestalt

$$\eta_{\mu\mu'\mu''}(\omega;\omega',\omega'') = \eta_{\mu'\mu\mu''}(\omega';\omega,\omega'')$$

an. Dafür lautet dann die Entwicklung (4.7)

$$\langle D_\mu^{(2)}(t)\rangle = \sum_{\substack{\mu',\mu''\\ \omega',\omega''}} \eta_{\mu\mu'\mu''}(\omega;\omega',\omega'')\, E_{\mu'}(\mathbf{r}_S;\omega')\, E_{\mu''}(\mathbf{r}_S;\omega'')\, e^{-i\omega t},$$

man muß also den „Schönheitsfehler" in Kauf nehmen, daß sich das erste Argument von $\eta_{\mu\mu'\mu''}(\omega;\omega',\omega'')$ auf den positiven (d. h. zu $\exp\{-i\omega t\}$ proportionalen) Frequenzanteil des Dipolmoments bezieht, während die beiden anderen Argumente jeweils auf den negativen Frequenzanteil der elektrischen Feldstärke Bezug nehmen.

d. h., der Tensor $\eta_{\mu\mu'\mu''}(\omega; \omega', \omega'')$ ist auch invariant gegenüber der Substitution

$$\mu, \omega \rightarrow \mu'', -\omega'' \quad \text{und} \quad \mu'', \omega'' \rightarrow \mu, -\omega, \tag{5.9}$$

was — im Vergleich mit (5.3) — nicht weiter überrascht, da die Indexpaare μ', ω' und μ'', ω'' im Formalismus eine ganz analoge Rolle spielen. (Sie kennzeichnen beide die Schwingungsrichtungen bzw. Frequenzen des eingestrahlten elektromagnetischen Feldes, während μ und ω die entsprechenden Größen für das — durch das genannte Feld am Atom erst induzierte — Dipolmoment repräsentieren.)

Eine weitere Symmetrieeigenschaft des Tensors $\eta_{\mu\mu'\mu''}(\omega; \omega', \omega'')$ ist mit der Tatsache verknüpft, daß der Erwartungswert des Operators $\boldsymbol{D}$ (auf Grund der Hermitizität von $\boldsymbol{D}$) notwendig reell ist. Wie man aus Gl. (4.7) zusammen mit (3.13) abliest, hat die Realität von $\langle D_\mu^{(2)}(t)\rangle$ die Relation

$$\eta^*_{\mu\mu'\mu''}(\omega; \omega', \omega'') = \eta_{\mu\mu'\mu''}(-\omega; -\omega', -\omega'') \tag{5.10}$$

zur Folge, deren Gültigkeit man auch leicht an Hand der expliziten Darstellung (4.8) für $\eta_{\mu\mu'\mu''}(\omega; \omega', \omega'')$ verifiziert.

Aus Gl. (4.8) ist weiterhin unmittelbar ersichtlich, daß $\eta_{\mu\mu'\mu''}(\omega; \omega', \omega'')$ reell ist, wenn das gleiche für sämtliche Matrixelemente des Dipoloperators gilt. Dieser Fall tritt dann ein — genauer gesprochen, man kann die Eigenfunktionen u_k des ungestörten Hamilton-Operators H^0 des Atoms (in der Schrödinger-Darstellung) sämtlich reell wählen, woraus sofort die Realität der Matrixelemente $D^\mu_{kk'}$ folgt —, wenn der Operator H^0 im Schrödinger-Bild ein reeller (Differential-) Operator ist. Dies ist normalerweise der Fall, die physikalisch wichtigste Ausnahme liegt dann vor, wenn sich das Atom zusätzlich in einem statischen (homogenen) Magnetfeld befindet. (Dann enthält ja der Hamilton-Operator bekanntlich den imaginären Term $+\frac{ie\hbar H}{2mc}\frac{\partial}{\partial\varphi}$ mit H als magnetischer Feldstärke und φ als Winkelvariable; s. z. B. [18].) Allgemeiner kann man sagen, daß — im Fall eines spinlosen Teilchens — die Realität von H^0 (in dem obengenannten Sinn) äquivalent ist der Invarianz von H^0 gegenüber Zeitumkehr.[1]) Wir kommen somit zu folgender Feststellung: Falls die Bewegung des ungestörten Elektrons zeitlich reversibel verläuft, sind die Größen $\eta_{\mu\mu'\mu''}(\omega;\,\omega',\,\omega'')$ sämtlich reell; im besonderen folgt dann aus Gl. (5.10) trivialerweise die Symmetrierelation

$$\eta_{\mu\mu'\mu''}(\omega;\,\omega',\,\omega'') = \eta_{\mu\mu'\mu''}(-\omega;\,-\omega',\,-\omega'')\,. \quad (5.11)$$

Es ist zu erwarten (und kann explizit bestätigt werden [13]), daß die Symmetrieeigenschaften (5.1), (5.6), (5.8), (5.10) und (5.11) in analoger Weise auch in höherer störungstheoretischer Ordnung auftreten. So schreibt sich der Beitrag m-ter Ordnung zum induzierten Dipolmoment in der Form

$$\langle D_\mu^{(m)}(t)\rangle = \sum_{\substack{\mu_1,\ldots,\mu_m\\ \omega_1,\ldots,\omega_m}} \eta_{\mu\mu_1\ldots\mu_m}(\omega;\,\omega_1,\,\ldots,\,\omega_m) \times E_{\mu_1}(\boldsymbol{r}_S;\,\omega_1)\ldots E_{\mu_m}(\boldsymbol{r}_S;\,\omega_m)\,e^{i\omega t} \quad (5.12)$$

mit

$$\omega = \omega_1 + \omega_2 + \cdots + \omega_m\,, \quad (5.13)$$

und $\eta_{\mu\mu_1\ldots\mu_m}(\omega;\,\omega_1,\,\ldots,\,\omega_m)$ ist invariant gegenüber der Vertauschung zweier Indexpaare vom Typ μ, ω, wobei man zu beachten hat, daß das Vorzeichen der Frequenz zu ändern ist, wenn die Frequenz bei der Substitution das Semikolon in der Folge $\omega;\,\omega_1,\,\ldots,\,\omega_m$ „passiert".

[1]) Die Zeitumkehr-Transformation der klassischen Mechanik läßt Ortskoordinaten invariant und ändert das Vorzeichen der Impulskoordinaten; in der Quantenmechanik entspricht dem (im SCHRÖDINGER-Bild) gerade der Übergang zu den konjugiert komplexen Operatoren (Näheres s. z. B. [65]).

Die Übertragung der Gln. (5.10) und (5.11) auf den Fall beliebiger störungstheoretischer Ordnung läßt sich sofort vornehmen, da der ihnen zugrunde liegende Sachverhalt nicht an eine spezielle Ordnung der Störungstheorie geknüpft ist.

1.6. Die Polarisation des Mediums

Für praktische Zwecke interessiert natürlich nicht das induzierte Dipolmoment eines einzelnen Atoms, sondern die Gesamtheit aller derartiger Dipolmomente etwa in einem Kristall. Die physikalisch bedeutsame Größe ist die Polarisation $\boldsymbol{P}(\boldsymbol{r}, t)$ des Mediums, die bekanntlich als Summe der atomaren Dipolmomente pro Volumeneinheit definiert ist. Präzis formuliert, $\boldsymbol{P}(\boldsymbol{r}, t)\,\Delta V$ gibt das Gesamtdipolmoment der Atome an, die sich in dem (um den Punkt $\boldsymbol{r}$ sich erstreckenden) Volumenelement ΔV befinden. Zur Berechnung von $\boldsymbol{P}$ haben wir die für ein Atom gültige Formel (4.8) zunächst in der Weise zu verallgemeinern, daß wir die Anregung unterschiedlicher Niveaus im Anfangszeitpunkt in Betracht ziehen; da wir dem Kristall (zumindest in guter Näherung) eine bestimmte Temperatur T zuschreiben können, werden wir voraussetzen, daß vor Einsetzen der Störung eine BOLTZMANN-Verteilung vorliegt, d. h., daß die einzelnen Atomniveaus mit der Wahrscheinlichkeit

$$w_l = \frac{e^{-\frac{\hbar\omega_l}{k_B T}}}{Z} \tag{6.1}$$

besetzt sind — wobei

$$Z = \sum_k e^{-\frac{\hbar\omega_k}{k_B T}} \tag{6.2}$$

die Zustandssumme und k_B die BOLTZMANN-Konstante bezeichne — und außerdem keine Korrelationen zwischen den einzelnen Anregungszuständen bestehen. Formal gesprochen, die Dichtematrix ϱ für den Ausgangszustand des Atoms ist diagonal in der H^0-Darstellung, und die

Diagonalelemente von ϱ sind durch (6.1) gegeben. Man kann sich daher das durch ϱ repräsentierte quantenmechanische Ensemble G aus Teilgesamtheiten G_l zusammengesetzt denken, die ihrerseits aus Atomen bestehen, die sich jeweils im gleichen Zustand u_l befinden. Die Größe w_l gibt dann die relative Mächtigkeit (relative Zahl der Mitglieder) der Teilgesamtheit G_l an.

Mit dieser Interpretation ist klar, daß wir die in Abschn. 1.4 berechnete Größe $\eta_{\mu\mu'\mu''}(\omega; \omega', \omega'')$ (an der wir jetzt zusätzlich den Index l anbringen, um die Abhängigkeit von der Anfangsbedingung (3.17) deutlich zu machen) gemäß der BOLTZMANN-Verteilung (6.1) zu mitteln haben,

$$\eta^{(T)}_{\mu\mu'\mu''}(\omega; \omega', \omega'') = \frac{1}{Z} \sum_l e^{-\frac{\hbar\omega_l}{k_B T}} \eta^l_{\mu\mu'\mu''}(\omega; \omega', \omega''), \tag{6.3}$$

um der realen Situation gerecht zu werden.

Die noch erforderliche Summation über die in der Volumeneinheit befindlichen (aktiven, d. h. an der Wechselwirkung beteiligten) Atome bedeutet dann einfach eine zusätzliche Multiplikation mit der Anzahl N der Atome pro Volumeneinheit. Explizit ergibt sich so die Polarisation $\boldsymbol{P}(\boldsymbol{r}, t)$ des Mediums an einem beliebigen Ort $\boldsymbol{r}$ innerhalb des Kristalls (in zweiter Ordnung der Störungstheorie) zu

$$P_\mu^{(2)}(\boldsymbol{r}, t) = \sum_{\substack{\mu',\mu'' \\ \omega',\omega''}} \zeta_{\mu\mu'\mu''}(\omega; \omega', \omega'')\, E_{\mu'}(\boldsymbol{r}; \omega')\, E_{\mu''}(\boldsymbol{r}; \omega'')\, e^{i\omega t}$$

$$(\omega = \omega' + \omega'') \tag{6.4}$$

mit

$$\zeta_{\mu\mu'\mu''}(\omega; \omega', \omega'') = N \eta^{(T)}_{\mu\mu'\mu''}(\omega; \omega', \omega''). \tag{6.5}$$

Die Größe $\zeta_{\mu\mu'\mu''}(\omega; \omega', \omega'')$ wird als (quadratische) Suszeptibilität des Mediums bezeichnet.

Es ist offensichtlich, daß sich die in Abschn. 1.5 gefundenen Symmetrierelationen für die Größe $\eta^l_{\mu'\mu\mu''}(\omega; \omega', \omega'')$ sofort auf den Suszeptibilitätstensor übertragen. Man muß sich jedoch darüber im klaren sein, daß der obigen Herleitung von Gl. (6.4) die Annahme zugrunde liegt, daß zwischen den einzelnen Atomen keine direkte Wechselwirkung besteht, was sich praktisch nur bei einem (verdünnten) Gas realisieren läßt. Tatsächlich gelten die Symmetriebeziehungen, bei denen das erste Indexpaar μ, ω an der Substitution beteiligt ist, nicht mehr, wenn Relaxationsprozesse eine Rolle spielen (s. Abschn. 1.7). In diesem Fall liegt dann auch keine Invarianz gegenüber Zeitumkehr mehr vor (was auf Grund des irreversiblen Charakters der Relaxationsvorgänge verständlich ist), so daß der Suszeptibilitätstensor nicht mehr reell ist (und demzufolge die (5.11) entsprechende Symmetriebeziehung nicht mehr gilt). Die genannten Verletzungen der Symmetrierelationen sind jedoch, wie sich zeigen wird, nur für den Fall von merklicher Bedeutung, daß eine der eingestrahlten Frequenzen oder der Kombinationsfrequenzen $\omega' + \omega''$ in das Niveauschema der Atome „paßt", sich also mit einem der möglichen Atomübergänge — zumindest näherungsweise — in Resonanz befindet.

Ein weiteres Problem besteht darin, daß die elektrische Feldstärke $\boldsymbol{E}$, mit der wir bisher gerechnet haben, offenbar als die lokale, nämlich am Ort des betrachteten Atoms tatsächlich herrschende Feldgröße $\boldsymbol{E}^{(\text{lok})}$ aufgefaßt werden muß, während in die MAXWELLschen Gleichungen dagegen, mit deren Hilfe wir später die Wechselwirkung zwischen verschiedenen Lichtwellen beschreiben werden, nicht die lokale, sondern die makroskopische elektrische Feldstärke $\boldsymbol{E}^{(\text{makr})}$ eingeht. Letztere stellt, genau besehen, im Fall eines Mediums eine etwas fiktive Größe dar; bekanntlich ist sie (im Prinzip) so zu messen, daß man in Richtung der elektrischen Feldstärke einen „Längskanal" in das Medium bohrt, eine Probeladung hineinbringt und die Größe der darauf wirkenden Kraft ermittelt. Am Ort eines Atoms innerhalb des Mediums ist eine von $\boldsymbol{E}^{(\text{makr})}$ verschiedene Feldstärke wirksam, weil die durch das Feld induzierten Dipolmomente in der Nachbarschaft des Atoms ja Anlaß zu einem Nahfeld geben, und dieses Feld überlagert sich dem makroskopischen Feld.

Im Hinblick auf die Maxwellschen Gleichungen ist es somit erforderlich, Gl. (6.4) auf $\boldsymbol{E}^{(\mathrm{makr})}$ umzuschreiben, also die Polarisation nicht durch das lokale, sondern das makroskopische Feld auszudrücken. Dazu muß man offenbar den Zusammenhang zwischen diesen beiden Feldgrößen kennen. Mit dieser Frage werden wir uns zunächst beschäftigen.

Wir beschränken uns der Einfachheit halber auf den Fall eines isotropen Mediums (wie er bei Gasen und Flüssigkeiten vorliegt) bzw. eines Kristallgitters mit kubischer Symmetrie und betrachten die elektrische Feldstärke $\boldsymbol{E}_\omega$, die mit einer bestimmten Frequenz ω oszilliert. Wir nehmen an, daß diese Frequenz einerseits direkt eingestrahlt wird und andererseits — entstanden durch Kombination (im Sinn von Summen- bzw. Differenzfrequenzbildung) aus zwei oder mehreren eingestrahlten Frequenzen $\omega_1, \omega_2, \ldots$ — als eine der Schwingungsfrequenzen der nichtlinearen Polarisation des Mediums in Erscheinung tritt. Die mit ω schwingende Fourier-Komponente $\boldsymbol{P}_\omega$ der Gesamtpolarisation (die neben dem nichtlinearen auch einen — in den meisten Fällen überwiegenden! — linearen Anteil enthält) gibt dann Anlaß zu einem von $\boldsymbol{E}_\omega{}^{(\mathrm{makr})}$ verschiedenen Wert $\boldsymbol{E}_\omega{}^{(\mathrm{lok})}$. Um den Zusammenhang zwischen diesen beiden Größen zu finden, verwenden wir nach Lorentz den folgenden „Trick“ (s. z. B. [32]):

Wir denken uns aus dem Medium eine kleine Kugel mit dem betrachteten Raumpunkt als Mittelpunkt ausgespart und im Medium selbst die Dipole kontinuierlich „verschmiert“. Die im Mittelpunkt dieser Kugel herrschende Feldstärke $\boldsymbol{E}_\omega{}^{(\mathrm{lok})}$ berechnet sich dann (im Gaussschen Maßsystem) zu

$$\boldsymbol{E}_\omega{}^{(\mathrm{lok})} = \boldsymbol{E}_\omega{}^{(\mathrm{makr})} + \frac{4\pi}{3} \boldsymbol{P}_\omega \tag{6.6}$$

(vgl. z. B. [32]). Dabei wurde von der Tatsache Gebrauch gemacht, daß das Nahfeld eines oszillierenden Dipolmoments $D(t)$ (in Abständen, die vergleichbar mit der Wellenlänge sind) zu einem beliebig herausgegriffenen Zeitpunkt t identisch ist mit dem eines *statischen* Dipols vom Moment $D(t)$, so daß man der Rechnung statische Verhältnisse zugrunde legen kann.

Die Polarisation $\boldsymbol{P}_\omega$ läßt sich in einen (bezüglich der elektrischen Feldstärke) linearen und einen nichtlinearen Anteil zerlegen gemäß

$$\boldsymbol{P}_\omega = \boldsymbol{P}_\omega^{\text{lin}} + \boldsymbol{P}_\omega^{\text{nl}}, \tag{6.7}$$

wobei sich $\boldsymbol{P}_\omega^{\text{lin}}$ in der Form

$$\boldsymbol{P}_\omega^{\text{lin}} = N\alpha(\omega)\boldsymbol{E}_\omega^{(\text{lok})} \tag{6.8}$$

— mit N als Zahl der Atome pro Volumeneinheit und α als linearer Polarisierbarkeit eines Atoms — darstellen läßt. An Stelle von Gl. (6.6) können wir somit schreiben

$$\boldsymbol{E}_\omega^{(\text{lok})} = \boldsymbol{E}_\omega^{(\text{makr})} + \frac{4\pi}{3} N\alpha \boldsymbol{E}_\omega^{(\text{lok})} + \frac{4\pi}{3} \boldsymbol{P}_\omega^{\text{nl}} \tag{6.9}$$

oder, nach einer einfachen Umformung,

$$\boldsymbol{E}_\omega^{(\text{lok})} = \frac{\boldsymbol{E}_\omega^{(\text{makr})}}{1 - \frac{4\pi}{3} N\alpha} + \frac{4\pi}{3} \frac{1}{1 - \frac{4\pi}{3} N\alpha} \boldsymbol{P}_\omega^{\text{nl}}. \tag{6.10}$$

Die vorstehende Beziehung stellt nun allerdings nur bei fehlender nichtlinearer Polarisation die lokale Feldstärke explizit als Funktion der makroskopischen Feldstärke dar. Bei Vorhandensein einer nichtlinearen Polarisation dagegen ist (6.10) nach wie vor eine implizite — und außerdem nichtlineare — Gleichung für $\boldsymbol{E}_\omega^{(\text{lok})}$. Genaugenommen müßte man, da $\boldsymbol{P}_\omega^{\text{nl}}$ ja von den mit anderen Frequenzen ω_1, ω_2, ... oszillierenden (lokalen) Feldstärken abhängt, Gl. (6.10) durch die entsprechenden Gleichungen für die anderen eingestrahlten Frequenzen ergänzen, wenn man eine exakte Auflösung nach den lokalen Feldstärken $\boldsymbol{E}_{\omega}^{(\mathrm{lok})}$, $\boldsymbol{E}_{\omega_1}^{(\mathrm{lok})}$ usf. vornehmen wollte. Eine solche Behandlung wäre natürlich sehr aufwendig und lohnt sich schon deswegen nicht, weil man die Suszeptibilitätstensoren im Sinn von Gl. (6.4) doch nur sehr ungenau und mühevoll theoretisch ermitteln kann. Wir begnügen uns daher mit einer Näherung, die für den in praxi meist vorliegenden Fall, daß die lineare Polarisation den Hauptanteil der Gesamtpolarisation ausmacht, vollauf gerechtfertigt ist, und zwar gehen wir folgendermaßen vor (s. [3]). Zunächst setzen wir in dem Ausdruck für die nichtlineare Polarisation für $\boldsymbol{E}_{\omega_1}^{(\mathrm{lok})}$, $\boldsymbol{E}_{\omega_2}^{(\mathrm{lok})}$, ... die Näherungswerte $\tilde{\boldsymbol{E}}_{\omega_1}^{(\mathrm{lok})}$ usf. ein, die sich nach Gl. (6.10) ergeben, wenn wir nur den Einfluß der linearen Dipolmomente in Rechnung setzen, also die Werte

$$\tilde{\boldsymbol{E}}_{\omega_1}^{(\mathrm{lok})} = \frac{\boldsymbol{E}_{\omega_1}^{(\mathrm{makr})}}{1 - \frac{4\pi}{3} N\alpha(\omega_1)} \quad \text{usw.} \tag{6.11}$$

In der Formel (6.8) für die lineare Polarisation dagegen verwenden wir für $\boldsymbol{E}_{\omega}^{(\mathrm{lok})}$ den genaueren Wert (6.10) (wobei wir uns dort in $\boldsymbol{P}_{\omega}^{\mathrm{nl}}$ — als Funktion der Feldstärken aufgeschrieben — wieder die lokalen Feldstärken $\boldsymbol{E}_{\omega_1}^{(\mathrm{lok})}$, $\boldsymbol{E}_{\omega_2}^{(\mathrm{lok})}$, ... durch die obigen Näherungswerte $\tilde{\boldsymbol{E}}_{\omega_1}^{(\mathrm{lok})}$, $\tilde{\boldsymbol{E}}_{\omega_2}^{(\mathrm{lok})}$, ... ersetzt denken). Das hat zur Folge, daß die lineare Polarisation formal einen Beitrag zur nichtlinearen Polarisation liefert, wenn man sie durch das makroskopische Feld ausdrückt.

Physikalisch gesehen besteht unser Näherungsverfahren darin, daß wir die Wechselwirkung zwischen dem linearen Dipolmoment in einem Gitterpunkt und den nichtlinearen Dipolmomenten der Nachbarschaft (die nichtlinearen Dipolmomente ändern das lokale Feld am Ort des linearen Dipolmoments) und umgekehrt zwischen dem nichtlinearen Dipolmoment an einem Gitterpunkt und den linearen Dipolmomenten der Umgebung berücksichtigen, die Wechselwirkung der nichtlinearen Dipolmomente untereinander dagegen vernachlässigen. — Durch Einsetzen der Relation (6.10) in Gl. (6.8) erhalten wir

$$\boldsymbol{P}_\omega^{\mathrm{lin}} = \frac{N\alpha}{1 - \frac{4\pi}{3} N\alpha} \boldsymbol{E}_\omega^{(\mathrm{makr})} + \frac{4\pi}{3} \frac{N\alpha}{1 - \frac{4\pi}{3} N\alpha} \boldsymbol{P}_\omega^{\mathrm{nl}}. \tag{6.12}$$

Führen wir in der bekannten Weise die (lineare) Dielektrizitätskonstante ε des Mediums ein gemäß der Definition

$$\boldsymbol{D} = \varepsilon \boldsymbol{E}^{(\mathrm{makr})} = \boldsymbol{E}^{(\mathrm{makr})} + 4\pi \boldsymbol{P}^{\mathrm{lin}} \tag{6.13}$$

mit $\boldsymbol{D}$ als linearem Anteil der dielektrischen Verschiebung, so finden wir unter Verwendung von Gl. (6.12) — wenn wir dort $\boldsymbol{P}_\omega^{\mathrm{nl}} = 0$ setzen, weil ε nur die *lineare* Suszeptibilität des Mediums zum Ausdruck bringen soll — den Zusammenhang

$$\varepsilon(\omega) = 1 + 4\pi \frac{N\alpha(\omega)}{1 - \frac{4\pi}{3} N\alpha(\omega)}. \tag{6.14}$$

Damit kann an Stelle von Gl. (6.12) geschrieben werden

$$\boldsymbol{P}_\omega^{\mathrm{lin}} = \frac{\varepsilon(\omega) - 1}{4\pi} \boldsymbol{E}_\omega^{(\mathrm{makr})} + \frac{\varepsilon(\omega) - 1}{3} \boldsymbol{P}_\omega^{\mathrm{nl}}. \tag{6.15}$$

Es ergibt sich also, setzen wir diesen Ausdruck in Gl. (6.7) ein, bei der Umrechnung von der lokalen auf die makroskopische Feldstärke ein Zusatz zur nichtlinearen Polarisation, und man erkennt, daß letztere auf diese Weise einen Faktor $(\varepsilon(\omega) + 2)/3$ erhält. Darüber hinaus sind nach d. O. in der expliziten Darstellung von $\boldsymbol{P}^{\mathrm{nl}}$ die lokalen Feldstärken durch die Näherungswerte gemäß Gl. (6.11) zu ersetzen, die man unter Verwendung von (6.14) in

$$\tilde{\boldsymbol{E}}_{\omega_1}^{(\mathrm{lok})} = \frac{\varepsilon(\omega_1) + 2}{3} \boldsymbol{E}_{\omega_1}^{(\mathrm{makr})} \qquad \text{usw.} \qquad (6.16)$$

umschreiben kann. Für die quadratische Polarisation speziell erhält man so nach (6.4) die folgende Darstellung[1])

$$P_\mu(\boldsymbol{r}, t) = \sum_{\substack{\mu',\mu'' \\ \omega',\omega''}} \chi_{\mu\mu'\mu''}(\omega; \omega', \omega'') \, E_{\mu'}^{(\mathrm{makr})}(\boldsymbol{r}; \omega') \times E_{\mu''}^{(\mathrm{makr})}(\boldsymbol{r}; \omega'') \, e^{i\omega t} \qquad (\omega = \omega' + \omega'') \quad (6.17)$$

mit

$$\chi_{\mu\mu'\mu''}(\omega; \omega', \omega'') = \frac{\varepsilon(\omega) + 2}{3} \frac{\varepsilon(\omega') + 2}{3} \frac{\varepsilon(\omega'') + 2}{3} \times \zeta_{\mu\mu'\mu''}(\omega; \omega', \omega''), \quad (6.18)$$

wobei ζ nach Gl. (6.4) die Suszeptibilität des Mediums, bezogen auf das *lokale* Feld, bezeichnet. (Da die Frequenzen in Gl. (6.18) auch negative Werte annehmen, haben wir genaugenommen noch die Konvention $\varepsilon(-\omega) = \varepsilon(\omega)$ zu benutzen.)

Es ist offensichtlich, daß der Suszeptibilitätstensor χ die gleichen Symmetrieeigenschaften wie die Größe ζ besitzt, d. h., es gelten entsprechend Gln. (5.1), (5.6), (5.8) und (5.10) die Relationen

$$\chi_{\mu\mu'\mu''}(\omega; \omega', \omega'') = \chi_{\mu\mu''\mu'}(\omega; \omega'', \omega'), \quad (6.19)$$

$$\chi_{\mu\mu'\mu''}(\omega; \omega', \omega'') = \chi_{\mu'\mu\mu''}(-\omega'; -\omega, \omega''), \quad (6.20)$$

$$\chi_{\mu\mu'\mu''}(\omega; \omega', \omega'') = \chi_{\mu''\mu'\mu}(-\omega''; \omega', -\omega) \quad (6.21)$$

---

[1]) Eine quadratische Polarisation kann allgemein nur dann auftreten, wenn der Kristall keine Inversionssymmetrie besitzt (s. Abschn. 1.8). Da es nur wenige kubische Kristalle mit fehlendem Inversionszentrum gibt (nämlich die Kristalle vom Typ des ZnS), hat erst die Verallgemeinerung von Gl. (6.18) auf den Fall kubischer Polarisation größere Bedeutung.

und

$$\chi^*_{\mu\mu'\mu''}(\omega;\,\omega',\,\omega'') = \chi_{\mu\mu'\mu''}(-\omega;\,-\omega',\,-\omega'')\,. \quad (6.22)$$

Falls Invarianz gegenüber Zeitumkehr vorliegt, folgt aus der letzten Gleichung (in Übereinstimmung mit Gl. (5.11))

$$\chi_{\mu\mu'\mu''}(\omega;\,\omega',\,\omega'') = \chi_{\mu\mu'\mu''}(-\omega;\,-\omega',\,-\omega'')\,. \quad (6.23)$$

Das durchgeführte Verfahren zur Auffindung der expliziten Abhängigkeit der Polarisation vom makroskopischen Feld läßt sich auf den Fall eines anisotropen Mediums übertragen (s. [3]). Für das lokale Feld $\boldsymbol{E}^{(i)}$ am Ort des i-ten Atoms in der Elementarzelle des Gitters gilt dann die Darstellung

$$E_\mu{}^{(i)} = E_\mu{}^{(\mathrm{makr})} + \sum_{j,\mu'} L^{(ij)}_{\mu\mu'}(D^{\mathrm{lin}(j)}_{\mu'} + D^{\mathrm{nl}(j)}_{\mu'})\,. \quad (6.24)$$

Dabei bezeichnen $\boldsymbol{D}^{\mathrm{lin}(j)}$, $\boldsymbol{D}^{\mathrm{nl}(j)}$ das lineare bzw. nichtlineare Dipolmoment der Nachbaratome j in der Elementarzelle und $L^{(ij)}$ für den betreffenden Kristall charakteristische Tensoren. Weiterhin ist unter der linearen Polarisierbarkeit $\alpha(\omega)$ eines Atoms (im Sinn von Gl. (6.8)) nunmehr ein (von der Atomsorte abhängiger) Tensor $\alpha^{(i)}_{\mu\mu'}(\omega)$ zu verstehen. Die etwas aufwendige Rechnung [3] liefert dann — in der gleichen physikalischen Näherung wie oben — das Resultat, daß sich (bei Beschränkung auf quadratische Terme hinsichtlich der Feldstärke) die nichtlineare Polarisation durch die *makroskopischen* Feldstärken in der Form (6.17) ausdrückt, wobei der Suszeptibilitätstensor χ mit den jeweils auf ein Atom j bezüglichen Größen $\eta^{(j)}$ (Gl. (4.8)) in folgender Weise verknüpft ist

$$\chi_{\mu\mu'\mu''}(\omega;\,\omega',\,\omega'') = \sum_{\substack{j\\ \mu_1,\mu_2,\mu_3}} \eta^{(j)}_{\mu_1\mu_2\mu_3}(\omega;\,\omega',\,\omega'')$$
$$\times\, N^{(j)}_{\mu_1\mu}(\omega)\, N^{(j)}_{\mu_2\mu'}(\omega')\, N^{(j)}_{\mu_3\mu''}(\omega'')\,. \quad (6.25)$$

Die hier auftretenden Tensoren $N^{(j)}(\omega)$ berechnen sich in komplizierter Weise aus den Größen $L^{(ij)}$ und $\alpha^{(i)}(\omega)$.

Eine explizite Bestimmung ist im allgemeinen recht mühevoll und lohnt sich andererseits nicht, weil eine Berechnung der Größen η aus den atomaren Daten doch kaum durchführbar ist. In praxi ist man in den meisten Fällen auf die experimentell ermittelten Werte der Suszeptibilität angewiesen.

Die hauptsächliche Bedeutung der obigen theoretischen Untersuchungen liegt darin, daß sie eine Begründung der Symmetriebeziehungen (6.19)—(6.23) vom mikroskopischen Gesichtspunkt aus geben. Aus der Struktur von Gl. (6.25) ist übrigens — da die Tensoren $N^{(j)}(\omega)$ nicht vom Vorzeichen der Frequenz ω abhängen — sofort zu ersehen, daß diese Relationen auch im Fall eines anisotropen Mediums gültig bleiben. (Sie übertragen sich von den Tensoren $\eta^{(j)}_{\mu_1\mu_2\mu_3}$ ohne weiteres auf den Suszeptibilitätstensor.) Wir bemerken schließlich noch, daß aus Gl. (6.25) der Tensorcharakter von χ ersichtlich ist, da $\eta^{(j)}$, wie man durch Zurückgehen auf Gl. (4.8) erkennt, ein Tensor dritter Stufe ist und die Größen $N^{(j)}$ Tensoren zweiter Stufe repräsentieren.

Im folgenden Abschnitt werden wir das theoretische Modell für das nichtlineare Medium dadurch etwas realistischer gestalten, daß wir die Relaxationsvorgänge in die Beschreibung einbeziehen.

1.7. Der Einfluß von Relaxationsprozessen

Zwischen den Atomen eines Mediums, gleichgültig, ob es sich um eine gasförmige, flüssige oder feste (kristalline) Substanz handelt, besteht in der Regel eine Kopplung, die dazu führt, daß sich die Atome nur eine begrenzte Zeit in einem bestimmten Niveau aufhalten und dann in ein anderes Niveau übergehen. Der diesen sogenannten Relaxationsvorgängen zugrunde liegende physikalische Mechanismus ist dabei von Fall zu Fall verschieden — bei einem Gas beeinflussen sich die einzelnen Atome oder Moleküle hauptsächlich durch gegenseitige Stöße, bei einem Festkörper findet die Wechselwirkung vorwiegend über die Gitterschwingungen statt; darüber hinaus ist auch die thermische Lichtemission zusammen mit der Reabsorption von Lichtquanten zu den Relaxationsprozessen zu rechnen — der physikalische Effekt ist jedoch stets der gleiche, nämlich die Einstellung eines thermodynamischen Gleichgewichts, so daß die Besetzungswahrscheinlichkeiten für die einzelnen Atomniveaus durch eine BOLTZMANN-Verteilung (6.1) wiedergegeben werden. (Im Fall der Lichtemission und -absorption trifft dies allerdings nur dann zu, wenn Energieverluste durch Energieabgabe an die Umgebung des Mediums — speziell durch Ausstrahlung in den freien Raum — vermieden werden. Wir setzen daher voraus, daß thermische Emission von Licht nur einen geringfügigen Anteil am gesamten Relaxationsmechanismus ausmacht.)

Wir haben also zu beachten, daß ein beliebig herausgegriffenes Atom nur während einer endlichen Zeit in der in Abschn. 1.3 beschriebenen Weise — nämlich unbeeinflußt durch seine Umgebung — mit einem eingestrahlten elektromagnetischen Feld in Wechselwirkung steht, zu einem nicht vorhersagbaren Zeit„punkt" findet dann ein Relaxationsübergang in ein anderes (tieferes oder auch höheres!) Niveau statt, wodurch eine neue Anfangsbedingung für die Wechselwirkung mit dem Strahlungsfeld geschaffen wird, danach vollzieht sich die zeitliche Entwicklung des Atoms wieder nach der SCHRÖDINGER-Gleichung (3.4) (mit H^W gemäß Gl. (3.10)) so lange, bis erneut ein Relaxationsprozeß abläuft, und so geht es ständig weiter. Dabei bildet sich also nach Abschn. 1.4 in den Zeiten zwischen zwei Relaxationsübergängen am Atom ein induziertes Dipolmoment aus, das aber bei jedem Relaxations„akt" zerstört wird. In der Tat erkennt man aus der Definition des Dipolmoments als quantenmechanischem Erwartungswert des Dipoloperators, daß kein induziertes Dipolmoment vorliegen kann, wenn sich das Atom in einem bestimmten Niveau l befindet. Der in Rede stehende Erwartungswert reduziert sich dann ja auf das (von der Zeit unabhängige) Matrixelement $\boldsymbol{D}_{ll}$ (Gl. (3.15)), das — falls es überhaupt von Null verschieden ist — offenbar ein statisches, vom äußeren Strahlungsfeld unabhängiges Dipolmoment repräsentiert.

Nach jedem Relaxations„akt" muß sich somit das Dipolmoment erst erneut, von Null an anwachsend, aufbauen. Dementsprechend werden die Relaxationsvorgänge generell zu einer Verkleinerung der Amplitude des induzierten Dipolmoments führen. Weiterhin kann auf dem Weg über die Relaxationsprozesse ein Teil der Energie der eingestrahlten Welle dissipiert werden. Die absorbierte Energie findet sich dann (abgesehen von einem evtl. Anteil, der durch spontane Emission nach außen abgestrahlt wird) in der thermischen Bewegung des Kristallgitters bzw. der Gasatome wieder. Auf Grund der quantenhaften Natur der Strahlung — der „Bündelung" der elektromagnetischen Energie in Form von Quanten vom Betrag $\hbar\omega$ — und der Gültigkeit des Energiesatzes bereits im Einzelprozeß ist allerdings zu erwarten, daß eine Energiedissipation via Absorption tatsächlich nur dann auftritt, wenn entweder die Energie eines Lichtquants oder die Summe der Energien mehrerer (in der Frequenz evtl. unterschiedlicher) Quanten gerade mit einem Niveauabstand des Atoms übereinstimmt[1]) (Ein- bzw. Mehr-Quanten-Absorption). Relaxationsprozesse, die zu einer Dämpfung der Molekülschwingungen bzw. der akustischen Wellen (Phononen) führen, spielen eine wichtige Rolle bei der unelastischen Streuung (induzierte Raman- bzw. Brillouin-Streuung), bei der eine Frequenzänderung des Lichtes erfolgt und die

[1]) Man beachte, daß bei einem sehr langen Wellenzug eine echte Absorption tatsächlich nur dann eintreten kann, wenn das obere Niveau des Übergangs gleichzeitig Ausgangspunkt von Relaxationsprozessen ist. Andernfalls folgt nämlich auf die Absorption eines Quants gleich wieder eine induzierte Emission; es finden, genauer gesprochen, gar keine quantenhaften Übergänge statt, sondern das Atom „pendelt" sozusagen stetig zwischen den beiden Niveaus hin und her (s. z. B. [46]).

Energiebilanz dadurch in Ordnung gebracht wird, daß das Molekül bzw. gleich das ganze Gitter Energie aus dem Strahlungsfeld aufnimmt oder an das letztere abgibt.

Dem statistischen Charakter der Relaxationsvorgänge ist es offenbar angepaßt, den quantenmechanischen Zustand des Atoms von vornherein durch eine Dichtematrix (statt durch eine Wellenfunktion) zu beschreiben.

Wir schreiben zunächst die Bewegungsgleichung für die Dichtematrix ϱ eines Atoms für den Fall auf, daß nur eine Wechselwirkung mit dem Strahlungsfeld stattfindet, aber noch keine Relaxationsprozesse ablaufen. Zu diesem Zweck gehen wir auf die SCHRÖDINGER-Gleichung (3.3) zurück, machen aber keinen Gebrauch von der Wechselwirkungsdarstellung, verwenden also an Stelle von Gl. (3.2) die Entwicklung

$$\Psi(t) = \sum_k b_k(t) u_k. \tag{7.1}$$

Unten wird sich zeigen, daß dieses Vorgehen zweckmäßig ist im Hinblick auf eine nachträgliche (phänomenologische) Einbeziehung der Relaxationsvorgänge.

Die SCHRÖDINGER-Gleichung lautet dann

$$i\hbar \dot{b}_j = \hbar \omega_j b_j + \sum_{k'} H^W_{jk'} b_{k'}. \tag{7.2}$$

Erinnern wir uns an die Definition der Dichtematrix ϱ

$$\varrho_{jk} = \overline{\overline{b_j b_k^*}}\,, \tag{7.3}$$

wobei der doppelte Querstrich eine Ensemble-Mittelung bezeichnen soll, so finden wir durch Multiplikation von Gl. (7.2) mit b_k^* und Addition der dazu konjugiert komplexen, jedoch mit vertauschten Indizes j,k aufgeschriebenen Gleichung, wenn wir noch durch $i\hbar$ dividieren und die Ensemble-Mittelung ausführen, leicht die gewünschte Bewegungsgleichung in der Form[1])

$$\dot{\varrho}_{jk} = -i\,\omega_{jk}\varrho_{jk} - \frac{i}{\hbar}\sum_{k'}(H^W_{jk'}\varrho_{k'k} - \varrho_{jk'}H^W_{k'k}). \quad (7.4)$$

Wir ergänzen nun das vorstehende Gleichungssystem in phänomenologischer Weise durch Terme, die den Einfluß der Relaxationsvorgänge wiedergeben sollen. Wie oben ausgeführt, geben die letzteren Anlaß zu Übergängen des Atoms von einem Niveau in ein anderes. Bezeichnen wir daher mit w_{kj} die Wahrscheinlichkeit (pro Zeiteinheit) dafür, daß ein im Ausgangszustand j befindliches Atom in den Endzustand k übergeht, und beachten, daß die Diagonalelemente ϱ_{kk} der Dichtematrix die Bedeutung der Besetzungswahrscheinlichkeit für das betreffende Niveau haben, so haben wir Gl. (7.4) für $j = k$ abzuändern in

$$\dot{\varrho}_{kk} = -\sum_{k'\neq k} w_{k'k}\varrho_{kk} + \sum_{k'\neq k} w_{kk'}\varrho_{k'k'}$$
$$- \frac{i}{\hbar}\sum_{k'}(H^W_{kk'}\varrho_{k'k} - \varrho_{kk'}H^W_{k'k}). \quad (7.5)$$

Der erste Term auf der rechten Seite dieser Gleichung bringt die Entleerung des Niveaus k (durch „Zulieferung" an andere Niveaus $k' \neq k$), der zweite die Auffüllung des gleichen Niveaus (durch „Belieferung" von seiten anderer Niveaus $k' \neq k$) infolge von Relaxationsprozessen zum Ausdruck.

Wie steht es nun mit der Dgl. (7.4) im Fall der Nichtdiagonalelemente ϱ_{jk} $(j \neq k)$? Hier müssen wir daran denken, daß die letzteren für die Größe des induzierten Dipolmoments entscheidend sind; tatsächlich lautet ja

[1]) Gl. (7.4) ist nichts anderes als die bekannte Bewegungsgleichung des Dichteoperators, $\dot{\varrho} = -\frac{i}{\hbar}[H, \varrho] = -\frac{i}{\hbar}[H^0, \varrho] - \frac{i}{\hbar}[H^W, \varrho]$, in Matrixform aufgeschrieben.

der quantenmechanische Erwartungswert des Dipoloperators allgemein

$$\langle \boldsymbol{D} \rangle = \sum_{k,k'} \varrho_{kk'} \boldsymbol{D}_{k'k}, \tag{7.6}$$

und die Nichtdiagonalelemente von ϱ liefern offenbar den Hauptbeitrag zu $\langle \boldsymbol{D} \rangle$. (Falls keine statischen Dipolmomente $\boldsymbol{D}_{kk}$ vorhanden sind, tragen die Diagonalelemente von ϱ überhaupt nicht zum induzierten Dipolmoment bei, und allgemein ist das induzierte Dipolmoment jedenfalls in erster störungstheoretischer Näherung nur durch die Nichtdiagonalelemente von ϱ bestimmt, wenn letztere im Ausgangszustand verschwinden — wie es bei thermischem Gleichgewicht der Fall ist —, da sich dann nach Gl. (7.4) ϱ_{kk} in erster Näherung unter der Einwirkung der Strahlung nicht ändert.)

Wie oben schon erwähnt, wird bei einem jeden Relaxations„akt" das induzierte Dipolmoment zerstört, so daß die Relaxationsvorgänge effektiv zu einer Dämpfung des Dipolmoments führen. Wir ergänzen daher Gl. (7.4) für $j \neq k$ durch ein Dämpfungsglied $-\Gamma_{jk}\varrho_{jk}$ $(\Gamma_{jk} > 0)$, das formal zu einem Abklingen eines einmal vorhandenen Dipolmoments — in Form einer Superposition von Exponentialfunktionen — Anlaß gibt, wenn wir uns die Wechselwirkung mit dem Strahlungsfeld „abgeschaltet" denken. Fassen wir den genannten Zusatzterm mit dem ersten Summanden auf der rechten Seite von Gl. (7.4) zusammen, so können wir an Stelle von (7.4) schreiben

$$\dot{\varrho}_{jk} = -i\Omega_{jk}\varrho_{jk} - \frac{i}{\hbar} \sum_{k'} (H^W_{jk'} \varrho_{k'k} - \varrho_{jk'} H^W_{k'k}) \tag{7.7}$$

$$(j \neq k)$$

mit der Abkürzung

$$\Omega_{jk} = \omega_{jk} - i\Gamma_{jk}. \tag{7.8}$$

Auf Grund der Hermitizität der Dichtematrix (i. e. der Relation $\varrho_{kj} = \varrho^*_{jk}$) muß der Koeffizient Γ_{jk} offenbar symmetrisch in den beiden Indizes j und k sein

$$\Gamma_{jk} = \Gamma_{kj}. \tag{7.9}$$

Die Größen Γ_{jk} kann man leicht mit den mittleren Lebensdauern der Niveaus j und k (hinsichtlich der Relaxationsvorgänge) in Verbindung bringen. Wir betrachten dazu ein herausgegriffenes Atom (genauer gesagt, ein Ensemble von gleichartig „präparierten" Atomen), von dem wir annehmen, daß die Niveaus j und k im Anfangszeitpunkt $t = 0$ „kohärent" angeregt wurden, d. h., die Wellenfunktion zur Zeit $t = 0$ sei eine Superposition der Form

$$\Psi(0) = b_j^0 u_j + b_k^0 u_k \tag{7.10}$$

mit definierten Koeffizienten (komplexen Zahlen) b_j^0 und b_k^0. Dann ist also das Nichtdiagonalelement $\varrho_{jk} = b_j b_k^*$ der Dichtematrix (für das spezielle Atom bzw. Ensemble!) anfänglich von Null verschieden. Wenn wir von der Möglichkeit absehen, daß die Relaxationsprozesse auch eine „Ausreduktion des Wellenpakets" (7.10), also einen Übergang gerade in eines der Niveaus j und k verursachen können — wegen der großen Zahl der zur Verfügung stehenden Niveaus spielt ein solcher Prozeß i. a. nur eine geringe Rolle im Vergleich zu der Gesamtheit der Relaxationsübergänge in die anderen Niveaus $k' \neq k, j$ —, können wir den Relaxationsmechanismus phänomenologisch in einfachster Weise schon in der Schrödinger-Gleichung berücksichtigen, indem wir schreiben

$$\begin{aligned} \dot{b}_j &= -i\omega_j b_j - \frac{\gamma_j}{2} b_j, \\ \dot{b}_k &= -i\omega_k b_k - \frac{\gamma_k}{2} b_k \end{aligned} \tag{7.11}$$

mit positiven Dämpfungskonstanten γ_j und γ_k, also formal einen Imaginärteil zur Frequenz hinfügen. (Eine

Rechtfertigung für dieses Näherungsverfahren, das u. a. in der semiklassischen Lasertheorie erfolgreich angewendet wird — s. z. B. [38] —, kann im Rahmen einer vollständig quantenmechanischen Theorie für den Fall gegeben werden, daß die Entleerung der Niveaus durch spontane Übergänge in ein tieferes Niveau erfolgt [12].)

Aus Gln. (7.11) ergeben sich leicht die folgenden Dgln. für die Elemente der Dichtematrix

$$\begin{aligned} \dot{\varrho}_{jj} &= -\gamma_j \varrho_{jj} \qquad (\varrho_{jj} = |b_j|^2), \\ \dot{\varrho}_{kk} &= -\gamma_k \varrho_{kk} \qquad (\varrho_{kk} = |b_k|^2) \end{aligned} \tag{7.12}$$

und

$$\dot{\varrho}_{jk} = -i\omega_{jk}\varrho_{jk} - \frac{\gamma_j + \gamma_k}{2}\varrho_{jk} \qquad (\varrho_{jk} = b_j b_k^*). \tag{7.13}$$

Durch Vergleich mit Gln. (7.5) und (7.7) finden wir dann den einfachen Zusammenhang

$$\Gamma_{jk} = \Gamma_{kj} = \frac{\gamma_j + \gamma_k}{2} \tag{7.14}$$

zwischen der Dämpfungskonstante für das Nichtdiagonalelement der Dichtematrix und den reziproken Lebensdauern der zugehörigen Niveaus, für die ihrerseits gilt

$$\gamma_j = \sum_{k' \neq j} w_{k'j}, \qquad \gamma_k = \sum_{k' \neq k} w_{k'k}. \tag{7.15}$$

Gl. (7.14) gibt den (in einer Dämpfung sich äußernden) Einfluß der mit atomaren Übergängen verknüpften Relaxationsvorgänge auf ein vorhandenes atomares Dipolmoment wieder entsprechend der Tatsache, daß ein jeder solcher Prozeß das Dipolmoment notwendig zerstört. Darüber hinaus können aber noch weitere Prozesse stattfinden, welche lediglich die Phase des Dipolmoments in unkontrollierbarer Weise ändern, ohne daß ein energetischer Übergang erfolgt. Auf diese Weise wird der quantenmechanische Erwartungswert des Dipolmoments ebenfalls zum Verschwinden gebracht, und es kommt so zu einer weiteren Vergrößerung der Dämpfungskonstanten Γ_{jk}.

Derartige „phasenzerstörenden" Prozesse sind von geringer Bedeutung bei Gasen, sie spielen jedoch eine dominierende Rolle bei Festkörpern, wo die Γ_{jk} oft um mehrere Zehnerpotenzen größer sind als die γ_j. Der Mechanismus der Phasenzerstörung ist hier in der thermischen Schwingung der Atome um ihre Ruhelagen zu suchen. Die Atome sind bei dieser Bewegung elektrischen Kristallfeldern unterschiedlicher Stärke ausgesetzt; infolge des STARK-Effekts kommt es dabei zu Änderungen der Atomfrequenz, die auf Grund des statistischen Charakters der Bewegung im Einzelfall nicht vorhersagbar sind. Da das Dipolmoment eines ursprünglich im Sinn von Gl. (7.10) kohärent angeregten Atoms (bei Abwesenheit eines induzierenden Strahlungsfeldes) mit der Atomfrequenz oszilliert, bedeutet dies — verglichen mit einem ruhenden Atom — eine unkontrollierbare Phasenänderung der Dipolschwingung.

Die Existenz von Prozessen, welche nur phasenzerstörend wirken, dagegen keinen Einfluß auf die Besetzungszahlen haben, bedeutet, daß das zeitliche Abklingen des Dipolmoments im allgemeinen schneller erfolgen wird als der mittlere Zerfall der beiden beteiligten Niveaus, d. h., die Gleichung (7.14) ist allgemeiner durch die Ungleichung

$$\Gamma_{jk} \geqq \frac{\gamma_j + \gamma_k}{2} \tag{7.16}$$

zu ersetzen.

Letztere befindet sich im Einklang mit der allgemein gültigen Relation $|\varrho_{jk}| \leqq \sqrt{\varrho_{jj}}\sqrt{\varrho_{kk}}$, wenn man für die Elemente der Dichtematrix die Lösungen der Dgln. (7.12) sowie der (aus Gl. (7.7) durch Streichen der Wechselwirkungsterme hervorgehenden) Dgl.

$$\dot{\varrho}_{jk} = -(i\omega_{jk} + \Gamma_{jk})\varrho_{jk} \tag{7.17}$$

einsetzt.

Die Größen Γ_{jk}^{-1} werden übrigens als transversale, die mittleren Lebensdauern γ_j^{-1} der Niveaus als longitudinale Relaxationszeiten bezeichnet. Der Wert von γ_k^{-1} gibt überdies die Zeit an, in der eine Abweichung der Besetzungswahrscheinlichkeit ϱ_{kk} des Niveaus k von ihrem Gleichgewichtswert $\varrho_{kk}^{(0)}$ (auf den e-ten Teil) abklingt. Dies folgt unter Verwendung von Gln. (7.15) aus Gl. (7.5), wenn wir dort in der zweiten Summe $\varrho_{k'k'}$ näherungsweise durch $\varrho_{k'k'}^{(0)}$ ersetzen und die Stationaritätsbedingung (bei abgeschaltetem Strahlungsfeld) $\sum\limits_{k' \neq k} w_{k'k} \varrho_{kk}^{(0)} = \sum\limits_{k' \neq k} w_{kk'} \varrho_{k'k'}^{(0)}$ beachten.

Zur Lösung des Gleichungssystems (7.5), (7.7) gehen wir am zweckmäßigsten von der Vorstellung aus, daß sich infolge des Zusammenspiels von Relaxationsvorgängen und Störung durch das eingestrahlte elektromagnetische Feld ein stationärer Zustand einstellt in dem Sinn, daß sich die Matrixelemente von ϱ als eine Superposition von jeweils harmonisch schwingenden Anteilen (einschließlich eines zeitlich konstanten Terms) darstellen lassen, wobei nach den obigen Ergebnissen (s. im bes. Abschn. 1.4) zu erwarten ist, daß als Frequenzen die der eingestrahlten Welle, sagen wir ω_1, ω_2, $\omega_3, \ldots$, und darüber hinaus (im Prinzip) sämtliche daraus zu bildenden Kombinationsfrequenzen vom Typ $\omega + \omega'$, $\omega + \omega' + \omega''$ usf. (mit $\omega, \omega', \omega'' = \pm\omega_1, \pm\omega_2, \pm\omega_3, \ldots$) auftreten. Dementsprechend kann die zeitliche Ableitung in (7.5) und (7.7) durch eine Multiplikation mit der jeweiligen (noch mit dem Faktor $\pm i$ versehenen) Frequenz ersetzt werden, so daß sich das Differentialgleichungssystem (7.5), (7.7) durch Vergleich der Koeffizienten, die sich auf die gleiche Zeitabhängigkeit beziehen, auf ein *algebraisches* Gleichungssystem reduziert [7]. Natürlich ist auch dann nur eine genäherte Lösung möglich, die wir im Sinn einer störungstheoretischen Entwicklung (hinsichtlich der Wechselwirkung mit dem Strahlungsfeld) folgendermaßen durchführen: In nullter Näherung ersetzen wir die Größen ϱ_{ik} durch die Werte, wie sie bei abgeschaltetem Strahlungsfeld vorliegen, also (da die Relaxationsprozesse ja zu thermischem Gleichgewicht Anlaß geben sollen) nach Gl. (6.1) durch

$$\varrho_{kk}^{(0)} = \frac{e^{-\frac{\hbar\omega_k}{k_B T}}}{Z} \tag{7.18}$$

und

$$\varrho_{jk}^{(0)} = 0 \quad \text{für} \quad j \neq k. \tag{7.19}$$

Die letztere Gleichung bringt zum Ausdruck, daß sich im thermischen Gleichgewicht nur statistisch zufällige Phasenbeziehungen zwischen den Wahrscheinlichkeitsamplituden für verschiedene Niveaus ausbilden können. Damit die Werte (7.18) tatsächlich eine (stationäre) Lösung des Gleichungssystems (7.5) — bei abgeschaltetem Strahlungsfeld — darstellen, müssen die Übergangswahrscheinlichkeiten w_{jk} detailliertes Gleichgewicht bei der Temperatur T garantieren, d. h., es muß gelten

$$w_{jk}\varrho_{kk}^{(0)} = w_{kj}\varrho_{jj}^{(0)}, \tag{7.20}$$

woraus sich nach Einsetzen der expliziten Werte (7.18) für die Besetzungswahrscheinlichkeiten die Relation

$$w_{jk} = w_{kj} e^{-\frac{\hbar\omega_{jk}}{k_B T}} \tag{7.21}$$

ergibt.

Die nullte Näherung (7.18), (7.19) setzen wir nun in den Wechselwirkungsterm von Gl. (7.5) bzw. (7.7) ein und berechnen daraus in erster Näherung die Korrektur $\varrho^{(1)}$; allgemein finden wir den Beitrag n-ter Ordnung $\varrho^{(n)}$ zur Dichtematrix aus den Gln. (7.5) und (7.7), indem wir dort im Wechselwirkungsterm die Elemente der Dichtematrix durch die im vorhergehenden Näherungsschritt berechneten Matrixelemente $\varrho_{jk}^{(n-1)}$ ersetzen. Wir wollen das geschilderte Verfahren nun im einzelnen bis zur zweiten störungstheoretischen Ordnung durchführen.

Um die Rechnung zu vereinfachen, setzen wir voraus, daß die Diagonalelemente $\boldsymbol{D}_{kk}$ des Dipoloperators für die betrachtete Atomsorte sämtlich verschwinden. Beachten wir, daß die Matrixelemente des Wechselwirkungsoperators H^W nach Gl. (3.14) harmonisch mit den Frequenzen des eingestrahlten elektromagnetischen Feldes schwingen und die Dichtematrix $\varrho^{(0)}$ zeitunabhängig ist, so erkennen wir aus Gl. (7.7) zunächst, daß die Nichtdiagonalelemente von $\varrho^{(1)}$ sich in der Form

$$\varrho_{jk}^{(1)}(t) = \sum_{\omega} \varrho_{jk}^{(1)}(\omega) e^{i\omega t} \tag{7.22}$$

darstellen lassen, wobei die Summe wie früher die eingestrahlten Frequenzen und außerdem die zugehörigen negativen Frequenzwerte durchlaufe. Aus Gl. (7.7) folgt dann (durch Vergleich der zur gleichen Zeitabhängigkeit gehörigen Koeffizienten) unter Verwendung von (3.14) in erster Näherung die Gleichung

$$i\omega\varrho_{jk}^{(1)}(\omega) = -i\Omega_{jk}\varrho_{jk}^{(1)}(\omega) + \frac{i}{\hbar}\boldsymbol{D}_{jk}\boldsymbol{E}(\boldsymbol{r}_S;\omega)(\varrho_{kk}^{(0)} - \varrho_{jj}^{(0)}) \qquad (j \neq k) \tag{7.23}$$

mit der Lösung

$$\varrho_{jk}^{(1)}(\omega) = \frac{1}{\hbar}\frac{\boldsymbol{D}_{jk}\boldsymbol{E}(\boldsymbol{r}_S;\omega)(\varrho_{kk}^{(0)} - \varrho_{jj}^{(0)})}{\omega + \Omega_{jk}} \qquad (j \neq k)\,. \tag{7.24}$$

Weiterhin gilt

$$\varrho_{kk}^{(1)} = 0\,, \tag{7.25}$$

da der Wechselwirkungsterm in Gl. (7.5) verschwindet, wenn man für ϱ die nullte Näherung verwendet (denn offenbar geben nur die Nichtdiagonalelemente von ϱ Anlaß zu einer Änderung von ϱ_{kk}). Da der Ausdruck (7.24) für $j = k$ ebenfalls Null wird, können wir Gl. (7.24) ohne die Einschränkung $j \neq k$ benutzen.

Setzen wir wiederum die erste Näherung (7.24), (7.25) in den Wechselwirkungsterm von Gl. (7.7) ein, so sehen wir, daß nunmehr (infolge der Multiplikation der Matrixelemente von H^W mit denen von $\varrho^{(1)}$) die Kombinationsfrequenzen $\omega + \omega'$ ins Spiel kommen, d. h., die Beiträge zweiter Ordnung zur Dichtematrix sind von der Form

$$\varrho_{jk}^{(2)}(t) = \sum_{\omega,\omega'} \varrho_{jk}^{(2)}(\omega, \omega') e^{i(\omega+\omega')t}. \tag{7.26}$$

Da wir die hier auftretende Summation wie früher so verstehen wollen, daß ω und ω' unabhängig voneinander alle in Frage kommenden Werte annehmen, treten also — abgesehen von dem Fall $\omega' = \omega$ — jeweils zwei Summanden mit der gleichen Zeitabhängigkeit exp $\{i(\omega + \omega')t\}$ auf. Offenbar wird durch die Bewegungsgleichungen nur der Wert der Summe

$$\hat{\varrho}_{jk}^{(2)}(\omega, \omega') = \varrho_{jk}^{(2)}(\omega, \omega') + \varrho_{jk}^{(2)}(\omega', \omega) \tag{7.27}$$

festgelegt, und deren Aufspaltung in zwei Anteile ist daher willkürlich.[1])

Gl. (7.7) führt so auf die Relation

$$i(\omega + \omega')\hat{\varrho}_{jk}^{(2)} = -i\Omega_{jk}\hat{\varrho}_{jk}^{(2)} + \frac{i}{\hbar}\sum_{k'} [\boldsymbol{D}_{jk'}\boldsymbol{E}(\boldsymbol{r}_S; \omega)\varrho_{k'k}^{(1)}(\omega') - \boldsymbol{D}_{k'k}\boldsymbol{E}(\boldsymbol{r}_S; \omega)\varrho_{jk'}^{(1)}(\omega')] + \{\omega \leftrightarrow \omega'\} \qquad (j \neq k), \tag{7.28}$$

wobei unter dem Symbol $\{\omega \leftrightarrow \omega'\}$ allgemein stets derjenige Ausdruck verstanden werden soll, der aus dem davorstehenden Term durch die Vertauschung von ω und ω' hervorgeht. (Gl. 7.28) gilt offenbar auch für den Fall $\omega' = \omega$, wenn wir Gl. (7.27) zur Definition von

---

[1]) Falls außerdem aus verschiedenen Grundfrequenzen gebildete Kombinationsfrequenzen, sagen wir $\omega_1 + \omega_2$ und $\omega_3 + \omega_4$ gleich sind, liefern die Bewegungsgleichungen strenggenommen nur eine Aussage über die Kombination $\hat{\varrho}^{(2)}(\omega_1, \omega_2) + \hat{\varrho}^{(2)}(\omega_3, \omega_4)$. Die Auftrennung dieser Summe in zwei Anteile kann aber willkürfrei erfolgen, indem man fordert, daß $\hat{\varrho}^{(2)}(\omega_1, \omega_2)$ nur von den Feldstärken $\boldsymbol{E}(\boldsymbol{r}_S; \omega_1)$, $\boldsymbol{E}(\boldsymbol{r}_S; \omega_2)$ und entsprechend $\hat{\varrho}^{(2)}(\omega_3, \omega_4)$ nur von den Feldstärken $\boldsymbol{E}(\boldsymbol{r}_S; \omega_3)$, $\boldsymbol{E}(\boldsymbol{r}_S; \omega_4)$ abhängt.

$\hat{\varrho}_{jk}^{(2)}(\omega, \omega)$ benutzen, also $\hat{\varrho}_{jk}^{(2)}(\omega, \omega)$ mit $2\varrho_{jk}^{(2)}(\omega, \omega)$ identifizieren.)

Aus Gl. (7.28) erhalten wir

$$\hat{\varrho}_{jk}^{(2)} = \frac{1}{\hbar} \frac{\sum\limits_{k'} [\boldsymbol{D}_{jk'}\boldsymbol{E}(\boldsymbol{r}_S;\omega)\varrho_{k'k}^{(1)}(\omega') - \boldsymbol{D}_{k'k}\boldsymbol{E}(\boldsymbol{r}_S;\omega)\varrho_{jk'}^{(1)}(\omega')]}{\omega + \omega' + \Omega_{jk}} + \{\omega \leftrightarrow \omega'\} \qquad (j \neq k) \tag{7.29}$$

oder, wenn wir die Näherungslösung (7.24), (7.25) einsetzen

$$\hat{\varrho}_{jk}^{(2)} = \frac{1}{\hbar^2} \sum_{k'} \left[\frac{(\boldsymbol{D}_{jk'}\boldsymbol{E}(\boldsymbol{r}_S;\omega))(\boldsymbol{D}_{k'k}\boldsymbol{E}(\boldsymbol{r}_S;\omega'))}{(\omega' + \Omega_{k'k})(\omega + \omega' + \Omega_{jk})} (\varrho_{kk}^{(0)} - \varrho_{k'k'}^{(0)}) + \frac{(\boldsymbol{D}_{k'k}\boldsymbol{E}(\boldsymbol{r}_S;\omega))((\boldsymbol{D}_{jk'}\boldsymbol{E}(\boldsymbol{r}_S;\omega'))}{(\omega' + \Omega_{jk'})(\omega + \omega' + \Omega_{jk})} (\varrho_{jj}^{(0)} - \varrho_{k'k'}^{(0)}) \right] + \{\omega \leftrightarrow \omega'\} \qquad (j \neq k). \tag{7.30}$$

Wir nehmen nun die Auftrennung von $\hat{\varrho}_{jk}^{(2)}$ gemäß Gl. (7.27) in der Weise vor, daß wir leicht einen Vergleich mit den früher (für den Fall fehlender Relaxationsprozesse) erhaltenen Formeln durchführen können. Zu diesem Zweck definieren wir

$$\varrho_{jk}^{(2)}(\omega, \omega') = \frac{1}{\hbar^2} \sum_{k'} \left[\frac{(\boldsymbol{D}_{jk'}\boldsymbol{E}(\boldsymbol{r}_S;\omega))(\boldsymbol{D}_{k'k}\boldsymbol{E}(\boldsymbol{r}_S;\omega'))}{(\omega' + \Omega_{k'k})(\omega + \omega' + \Omega_{jk})} \varrho_{kk}^{(0)} + \frac{(\boldsymbol{D}_{k'k}\boldsymbol{E}(\boldsymbol{r}_S;\omega))(\boldsymbol{D}_{jk'}\boldsymbol{E}(\boldsymbol{r}_S;\omega'))}{(\omega' + \Omega_{jk'})(\omega + \omega' + \Omega_{jk})} \varrho_{jj}^{(0)} - \frac{(\boldsymbol{D}_{jk'}\boldsymbol{E}(\boldsymbol{r}_S;\omega'))(\boldsymbol{D}_{k'k}\boldsymbol{E}(\boldsymbol{r}_S;\omega))}{\omega + \omega' + \Omega_{jk}} \left\{ \frac{1}{\omega + \Omega_{k'k}} + \frac{1}{\omega' + \Omega_{jk'}} \right\} \varrho_{k'k'}^{(0)} \right], \tag{7.31}$$

d. h., wir identifizieren $\varrho_{jk}^{(2)}(\omega, \omega')$ mit dem in Gl. (7.30) explizit aufgeschriebenen Ausdruck, bei dem jedoch im ersten mit $\varrho_{k'k'}^{(0)}$ multiplizierten Term ω und ω' vertauscht wurden (was erlaubt ist, da in (7.30) alle Terme zweimal, jedoch mit vertauschten Werten ω und ω', vorkommen).

Zur Berechnung des induzierten quadratischen Dipolmoments benötigen wir wegen des oben vorausgesetzten Verschwindens der Diagonalelemente von $\boldsymbol{D}$ die Diagonalelemente $\varrho_{kk}^{(2)}$ nicht (gerade deswegen wurde diese Voraussetzung gemacht!), und wir können daher nach Gln. (7.6), (7.26) und (7.31) das induzierte Dipolmoment in folgender Form darstellen

$$\langle D_\mu{}^{(2)}(t)\rangle = \sum_{\substack{\mu',\mu'' \\ \omega',\omega''}} \tilde{\eta}^{(T)}_{\mu\mu'\mu''}(\omega' + \omega''; \omega', \omega'')\, E_{\mu'}(\boldsymbol{r}_S; \omega') \times E_{\mu''}(\boldsymbol{r}_S; \omega'')\, e^{i(\omega'+\omega'')t} \tag{7.32}$$

mit

$$\tilde{\eta}^{(T)}_{\mu\mu'\mu''}(\omega' + \omega''; \omega', \omega'') = \frac{1}{\hbar^2} \sum_{j,k,k'} \left[D^\mu_{kj} D^{\mu'}_{jk'} D^{\mu''}_{k'k} \frac{\varrho^{(0)}_{kk}}{(\omega'' + \Omega_{k'k})(\omega' + \omega'' + \Omega_{jk})} + D^\mu_{kj} D^{\mu'}_{k'k} D^{\mu''}_{jk'} \frac{\varrho^{(0)}_{jj}}{(\omega'' + \Omega_{jk'})(\omega' + \omega'' + \Omega_{jk})} - \frac{D^\mu_{kj} D^{\mu'}_{k'k} D^{\mu''}_{jk'} \varrho^{(0)}_{k'k'}}{\omega' + \omega'' + \Omega_{jk}} \left(\frac{1}{\omega' + \Omega_{k'k}} + \frac{1}{\omega'' + \Omega_{jk'}} \right) \right]. \tag{7.33}$$

Diese Relation geht, wie man unschwer nachprüft, im Grenzfall verschwindend geringer Dämpfung der Dipolmomente der einzelnen Atome ($\Gamma_{jk} \to 0$, also nach Gl. (7.8) $\Omega_{jk} \to \omega_{jk}$) in Gl. (4.4) über, wenn man sich dort noch die Mittelung über alle Ausgangszustände l gemäß der Boltzmann-Verteilung (6.1) ausgeführt denkt.

Gl. (7.33) lehrt, daß die Relaxationsvorgänge nur dann einen merklichen Einfluß auf die Polarisation des Mediums haben, wenn entweder eine der eingestrahlten Frequenzen oder eine der Kombinationsfrequenzen in der Nähe einer Atomfrequenz ω_{jk} liegt, wobei die zulässige Abweichung von genauer Resonanz durch den Wert von Γ_{jk} größenordnungsmäßig beschränkt ist. (Diese Aussage gilt auch für Nichtlinearitäten von höherer als zweiter Ordnung, man hat nur neben den Kombinationsfrequenzen $\omega' + \omega''$ auch Kombinationen aus drei und mehr Frequenzen in Betracht zu ziehen.) Liegt Resonanz der geschilderten Art vor, so kann ein Energieaustausch nicht nur zwischen elektromagnetischen Wellen verschiedener Frequenz untereinander, sondern auch mit dem Medium stattfinden, sei es durch Absorption, induzierte Emission (wobei auch mehrere Quanten simultan „verschluckt" bzw. ausgestrahlt werden können) oder unelastische Streuung (induzierte RAMAN- oder BRILLOUIN-Streuung[1])). Ist die genannte Resonanzbedingung nicht erfüllt, spielen die Relaxationsvorgänge praktisch keine Rolle, und unsere früheren Formeln einschließlich der daraus gezogenen Konsequenzen hinsichtlich der Symmetrieeigenschaften des Suszeptibilitätstensors gelten zwar nicht exakt, aber in hinreichend guter Näherung.

Grundsätzlich zerstören jedoch die Relaxationsprozesse die Invarianz des — bezüglich der letzten beiden Indexpaare μ', ω' und μ'', ω'' wie früher (s. Gl. (4.6)) symmetrisierten — Suszeptibilitätstensors

$$\zeta_{\mu\mu'\mu''}(\omega; \omega', \omega'') = \frac{N}{2} \{\tilde{\eta}^{(T)}_{\mu\mu'\mu''}(\omega; \omega', \omega'') + \tilde{\eta}^{(T)}_{\mu\mu''\mu'}(\omega; \omega'', \omega')\} \quad (\omega \equiv \omega' + \omega'') \tag{7.34}$$

gegenüber einer Permutation des ersten und zweiten

[1]) Im Fall der RAMAN- und BRILLOUIN-Streuung besteht Resonanz nicht mit einer der Elektronenbewegung entsprechenden Atomfrequenz, sondern mit einer Molekülschwingung bzw. einer akustischen Gitterschwingung (Näheres s. Kapitel 10).

bzw. ersten und dritten Indexpaares. Das liegt formal daran, daß die Relationen $\omega_{jk} = -\omega_{kj}$ sowie $\omega_{jk} + \omega_{kk'} = \omega_{jk'}$ wegen der Symmetrie (7.9) nicht gleichermaßen für die Größen Ω_{jk} gelten. So geht beispielsweise bei der Substitution (5.3) der erste Summand von (7.33) in

$$\frac{1}{\hbar^2} \sum_{j,k,k'} D^{\mu}_{jk'} D^{\mu'}_{kj} D^{\mu''}_{k'k} \frac{\varrho^{(0)}_{kk}}{(\omega'' + \Omega_{k'k})(-\omega' + \Omega_{jk})}$$

über, und dieser Ausdruck stimmt nur für den Fall, daß die Γ_{jk} verschwinden, mit dem dritten Summanden von (7.33) überein.

Mathematisch gesehen hat die Berücksichtigung der Relaxationsvorgänge zur Folge, daß die Polstellen des Suszeptibilitätstensors — als Funktion einer der Frequenzen ω' oder ω'' betrachtet, wobei man sich jeweils die andere Frequenz festgehalten denke — von der reellen Achse in die obere komplexe Halbebene rücken, wie man aus Gl. (7.33) unter Beachtung von Gl. (7.8) und des positiv definiten Charakters der Größen Γ_{jk} sofort erkennt. Auf die physikalische Bedeutung dieses Sachverhaltes werden wir noch zu sprechen kommen (s. Abschn. 1.9).

Weiterhin ist klar, daß der Suszeptibilitätstensor (7.34) nicht mehr reell ist, so daß keine Invarianz gegenüber einem simultanen Vorzeichenwechsel aller Frequenzen (s. Gl. (6.23)) mehr vorliegen kann. Dieses Ergebnis ist wegen des früher erläuterten Zusammenhangs der genannten Substitution mit der Zeitumkehroperation verständlich, da die Relaxationsprozesse ja ein irreversibles, also eine Zeitrichtung auszeichnendes Element mit sich bringen.

1.8. Räumliche Symmetrien des Suszeptibilitätstensors

Wir untersuchen im folgenden den Einfluß der Kristallsymmetrie auf die Beschaffenheit des Suszeptibilitätstensors dritter Stufe Die räumlichen Symmetrieeigenschaften des Kristalls kommen bekanntlich in den Symmetrieoperationen zum Ausdruck, d. h. in den Transformationen, bei denen das Kristallgitter in sich übergeführt wird. Als derartige Operationen kommen Drehungen (um bestimmte Achsen und Winkel) sowie Spiegelungen in Frage. Es handelt sich also in jedem Fall um eine Transformation, bei der die Länge eines beliebigen Ortsvektors invariant bleibt. Gehe der Punkt mit den kartesischen Koordinaten x_α ($\alpha = 1, 2, 3$) infolge der Transformation in den Punkt mit den Koordinaten

$$x_\alpha' = \sum_\beta T_{\alpha\beta} x_\beta \tag{8.1}$$

über (die Basis des Koordinatensystems werde festgehalten), so bilden somit die Größen $T_{\alpha\beta}$ eine orthogonale Matrix, i. e., es gilt

$$T^{-1} = \tilde{T}, \tag{8.2}$$

wobei unter T^{-1} die zu T inverse und unter $\tilde{T}$ die transponierte (aus T durch Vertauschung von Zeilen und Spalten hervorgehende) Matrix zu verstehen ist.

Da bei einer Symmetrieoperation per def. die physikalische Situation die gleiche bleibt, kann ein Beobachter durch keinerlei Messungen feststellen, ob eine derartige Transformation — denken wir etwa an eine Drehung — ausgeführt wurde oder nicht. Speziell für den Suszeptibilitätstensor χ bedeutet dies, daß dessen Komponenten invariant gegenüber einer Symmetrieoperation sein müssen. Kennzeichnen wir die transformierten Komponenten von χ durch einen angefügten Strich, so muß also die Relation

$$\chi'_{\mu_1\mu_2\mu_3} = \chi_{\mu_1\mu_2\mu_3} \tag{8.3}$$

bestehen. Für die Größen $\chi'_{\mu_1\mu_2\mu_3}$ gilt andererseits, da χ ja einen echten Tensor dritter Stufe repräsentiert, die bekannte Darstellung

$$\chi'_{\mu_1\mu_2\mu_3} = \sum_{\mu,\mu',\mu''} T_{\mu_1\mu}\, T_{\mu_2\mu'}\, T_{\mu_3\mu''}\, \chi_{\mu\mu'\mu''}, \tag{8.4}$$

und durch Einsetzen dieser Relation in Gl. (8.3) ergeben sich Beziehungen zwischen den verschiedenen Komponenten von χ, also Symmetrieeigenschaften des Suszeptibilitätstensors.

Wir wollen das Verfahren an einem physikalisch wichtigen Fall, nämlich für Kaliumdihydrogenphosphat (KH_2PO_4), kurz KDP genannt, illustrieren. (Wir folgen dabei [13].) Diese Substanz gehört zur Kristallklasse $\bar{4}2$ m und besitzt daher eine vierzählige Inversionsachse (x_3-Richtung) und zwei orthogonale zweizählige Achsen senkrecht dazu (x_1- bzw. x_2-Richtung). Dementsprechend sind grundlegende Symmetrieoperationen

a) eine 180°-Drehung um die x_1-Achse,
b) eine 180°-Drehung um die x_2-Achse,
c) eine 90°-Drehung um die x_3-Achse mit anschließender Inversion.

Formelmäßig lauten die zugehörigen Transformationen wie folgt:

a)
$$x_1' = x_1, \quad x_2' = -x_2, \quad x_3' = -x_3. \tag{8.5}$$

b) Diese Transformation geht aus (8.5) durch die Substitution (123) → (231) der Indizes hervor.

c) Die 90°-Drehung um die x_3-Achse zunächst wird beschrieben durch
$$x_1' = -x_2, \quad x_2' = x_1, \quad x_3' = x_3; \tag{8.6}$$

die nachfolgende Inversion macht daraus
$$x_1' = x_2, \quad x_2' = -x_1, \quad x_3' = -x_3. \tag{8.7}$$

Führt man im Anschluß an (c) noch die Symmetrieoperation (a) aus, so ergibt sich nach Gln. (8.7) und (8.5) die einfachere Symmetrietransformation

$$\text{d)} \qquad \begin{aligned} x_1' &= x_2, \\ x_2' &= x_1, \\ x_3' &= x_3, \end{aligned} \tag{8.8}$$

die nichts anderes bedeutet als eine Spiegelung an einer Ebene, die senkrecht zur x_1, x_2-Ebene steht und den Winkel zwischen der x_1- und der x_2-Achse halbiert.

Weiterhin ist evident, daß eine zweimalige Ausführung der Operation (c) mit einer 180°-Drehung um die x_3-Achse identisch ist, so daß Gl. (8.5) auch gültig bleibt, wenn man die Indizes gemäß (123) → (312) permutiert. Wir kommen so, wenn wir noch das über (b) Gesagte hinzunehmen, zu der Feststellung, daß Gl. (8.5) auch bei beliebiger zyklischer Vertauschung der Indizes gilt.

Transformiert man nun den Suszeptibilitätstensor gemäß (8.5), so sind diejenigen Indexkombinationen interessant, bei denen ein Minuszeichen auftritt, also z. B.

$$\begin{aligned} \chi'_{112} &= -\chi_{112}, \\ \chi'_{222} &= -\chi_{222}. \end{aligned} \tag{8.9}$$

Auf Grund der oben konstatierten Invarianz des χ-Tensors gegenüber den Symmetrieoperationen müssen daher die aufgeschriebenen Komponenten von χ verschwinden. Da nach dem Obigen alle drei Achsen eine 180°-Drehung als Symmetrieoperation zulassen, kann man das Ergebnis in folgender Weise verallgemeinern: Nur solche Komponenten des Suszeptibilitätstensors können von Null verschiedene Werte besitzen, bei denen sich sämtliche drei Indizes voneinander unterscheiden.

Weiterhin hat die Symmetrieoperation (d) zur Folge, daß die Indizes 1 und 2 vertauschbar sein müssen, d. h., daß gilt

$$\begin{aligned} \chi_{123} &= \chi_{213}, \\ \chi_{312} &= \chi_{321}, \\ \chi_{132} &= \chi_{231}. \end{aligned} \tag{8.10}$$

Damit sind die räumlichen Symmetrierelationen für den Suszeptibilitätstensor erschöpft.

Es gibt somit im Fall des KDP nur drei voneinander unabhängige Komponenten des Suszeptibilitätstensors dritter Stufe. Eine allgemeine Untersuchung der räumlichen Symmetrien des genannten Tensors für die verschiedenen Kristallklassen findet sich in [13].

Wir wollen hier nur noch die Konsequenzen diskutieren, die sich für den Suszeptibilitätstensor ergeben, wenn der Kristall ein Inversionszentrum besitzt, d. h., wenn die Inversion

$$x_\alpha' = -x_\alpha \qquad (\alpha = 1, 2, 3) \tag{8.11}$$

zu den Symmetrieoperationen gehört. Offenbar gilt dann für alle Komponenten von χ

$$\chi'_{\mu_1\mu_2\mu_3} = -\chi_{\mu_1\mu_2\mu_3}, \tag{8.12}$$

d. h., der Suszeptibilitätstensor muß verschwinden. Allgemeiner kann man den Schluß ziehen, daß im Fall der Inversionssymmetrie auch die in höherer störungstheoretischer Ordnung auftretenden Suszeptibilitätstensoren gleich Null sein müssen, wenn es sich um Tensoren ungerader Stufe handelt. Man kann also bei einem inversionssymmetrischen Kristall nichtlineare optische Effekte erst in der dritten Ordnung der Störungstheorie — beschrieben durch einen Suszeptibilitätstensor vierter Stufe — erwarten. Durch Anlegen eines statischen elektrischen Feldes kann jedoch die Inversionssymmetrie aufgehoben werden, so daß auch dann ein von Null verschiedener Suszeptibilitätstensor dritter Stufe in Erscheinung tritt. Auf diese Weise gelang es, auch mit

Hilfe von an sich inversionssymmetrischen Kristallen die zweite Harmonische[1]) zu erzeugen [60].

Das oben aus der Kristallsymmetrie gefolgerte Verschwinden des Suszeptibilitätstensors dritter Stufe bei Vorhandensein eines Inversionszentrums wird, wie nicht anders zu erwarten, auch von der mikroskopischen Theorie geliefert, wenn man der Tatsache Rechnung trägt, daß sich das an der Wechselwirkung mit dem Strahlungsfeld beteiligte Elektron in einem inversionssymmetrischen Potential befindet. Dann können die Eigenfunktionen von H^0 bekanntlich (s. z. B. [54]) als Eigenzustände des Paritätsoperators gewählt werden, und die Matrixelemente des Dipoloperators $\boldsymbol{D}$ sind, wie bekannt, nur dann von Null verschieden, wenn sich die zugehörigen Zustände k und k' in der Parität unterscheiden. Andernfalls verschwindet ja das Integral

$$\boldsymbol{D}_{kk'} = e \int \Psi_k^*(\boldsymbol{r})\, \boldsymbol{r}\, \Psi_{k'}(\boldsymbol{r})\, \mathrm{d}^3\boldsymbol{r}\,, \tag{8.13}$$

weil dann das Produkt $\Psi_k^*(\boldsymbol{r})\Psi_{k'}(\boldsymbol{r})$ eine bezüglich der Inversion symmetrische Funktion darstellt, der Ortsvektor $\boldsymbol{r}$ dagegen bei der Inversion (definitionsgemäß) sein Vorzeichen ändert, so daß sich die von der Stelle $\boldsymbol{r}$ und der Stelle $-\boldsymbol{r}$ herrührenden Beiträge zum Integral (8.13) gerade jeweils kompensieren.

Sehen wir uns nun die explizite Gestalt der Größen $\tilde{\eta}$ (Gl. (4.4)) bzw. $\tilde{\eta}^{(T)}$ (Gl. (7.33)) an, aus denen sich der Suszeptibilitätstensor aufbaut, so erkennen wir, daß die dort auftretenden dreifachen Produkte von Matrixelementen des Dipoloperators, was ihre auf die Atomniveaus bezüglichen Indizes betrifft, einen (virtuellen) Übergang des Atom aus einem Ausgangsniveau, sagen wir l, in ein erstes Zwischenniveau k', von dort in ein zweites Zwischenniveau k'' und anschließend zurück in den Ausgangszustand l symbolisieren. Nach dem oben Ge-

---

[1]) Wir schließen uns hier der inzwischen üblich gewordenen Terminologie an, nach der die doppelte Grundfrequenz als zweite, die dreifache Grundfrequenz als dritte Harmonische usf. bezeichnet wird.

sagten muß die Parität im Fall der Inversionssymmetrie, sollen die genannten Produkte von Null verschieden sein, sich bei jedem dieser drei Schritte ändern, aber trotzdem am Ende den gleichen Wert besitzen wie zu Anfang, was sich offenbar nicht erfüllen läßt. Also bleibt nur der Schluß, daß sämtliche Größen $\tilde{\eta}$ bzw. $\tilde{\eta}^{(T)}$ — und damit auch der Suszeptibilitätstensor — verschwinden.

1.9. Elektromagnetische Felder mit beliebiger Zeitabhängigkeit

Unseren bisherigen Überlegungen lag die Vorstellung zugrunde, daß die auf das Medium einwirkenden elektromagnetischen Felder nur mit diskreten Frequenzen oszillieren. Wir wollen uns im folgenden mit dem Fall beliebiger Zeitabhängigkeit der elektrischen Feldstärke beschäftigen. Dabei setzen wir lediglich voraus, daß sich die (makroskopische) elektrische Feldstärke in Form eines FOURIER-Integrals

$$\boldsymbol{E}(\boldsymbol{r}, t) = \int_{-\infty}^{\infty} \boldsymbol{E}(\boldsymbol{r}; \omega) e^{i\omega t} \, d\omega \tag{9.1}$$

entwickeln läßt, wobei auf Grund der Realitätsforderung die Beziehung

$$\boldsymbol{E}(\boldsymbol{r}; -\omega) = \boldsymbol{E}^*(\boldsymbol{r}; \omega) \tag{9.2}$$

gelten muß. (Von nun an verstehen wir unter $\boldsymbol{E}$ stets die makroskopische elektrische Feldstärke, ohne dies in der Bezeichnung explizit zu vermerken.)

Die an einem Ort $\boldsymbol{r}$ induzierte quadratische Polarisation wird sich dann in analoger Weise darstellen lassen als

$$\boldsymbol{P}(\boldsymbol{r}, t) = \int_{-\infty}^{\infty} \boldsymbol{P}(\boldsymbol{r}; \omega) e^{i\omega t} \, d\omega . \tag{9.3}$$

Unsere frühere Formel (6.17), die zum Ausdruck bringt, daß zwei Strahlungsfelder mit den Frequenzen ω' bzw. ω'' zu einem mit der Kombinationsfrequenz $\omega' + \omega''$ schwingenden Anteil der Polarisation Anlaß geben, können wir in der Form

$$P_\mu(\boldsymbol{r}, t) = \int_{-\infty}^{\infty} \int_{-\infty}^{\infty} \mathrm{d}\omega' \, \mathrm{d}\omega'' \sum_{\mu', \mu''} \chi_{\mu\mu'\mu''}(\omega' + \omega''; \omega', \omega'') \times E_{\mu'}(\boldsymbol{r}; \omega') E_{\mu''}(\boldsymbol{r}; \omega'') e^{i(\omega'+\omega'')t} \tag{9.4}$$

auf den Fall eines kontinuierlichen Frequenzspektrums übertragen (wobei wir uns in χ durchaus den Einfluß der Relaxationsvorgänge berücksichtigt denken). Schreiben wir statt dessen

$$P_\mu(\boldsymbol{r}, t) = \int_{-\infty}^{\infty} \int_{-\infty}^{\infty} \int_{-\infty}^{\infty} \mathrm{d}\omega \, \mathrm{d}\omega' \, \mathrm{d}\omega'' \sum_{\mu', \mu''} \chi_{\mu\mu'\mu''}(\omega; \omega', \omega'') \times E_{\mu'}(\boldsymbol{r}; \omega') E_{\mu''}(\boldsymbol{r}; \omega'') e^{i\omega t} \delta(\omega - [\omega' + \omega'']) \tag{9.5}$$

(mit δ als Delta-Funktion), so finden wir durch Vergleich mit (9.3) die folgende Darstellung für $\boldsymbol{P}(\boldsymbol{r}; \omega)$

$$P_\mu(\boldsymbol{r}; \omega) = \int_{-\infty}^{\infty} \int_{-\infty}^{\infty} \mathrm{d}\omega' \, \mathrm{d}\omega'' \sum_{\mu', \mu''} \chi_{\mu\mu'\mu''}(\omega; \omega', \omega'') \times E_{\mu'}(\boldsymbol{r}; \omega') E_{\mu''}(\boldsymbol{r}; \omega'') \delta(\omega - [\omega' + \omega'']). \tag{9.6}$$

Kehren wir andererseits das FOURIER-Integral (9.1) um mit dem Ergebnis

$$\boldsymbol{E}(\boldsymbol{r}; \omega) = \frac{1}{2\pi} \int_{-\infty}^{\infty} \boldsymbol{E}(\boldsymbol{r}, \tau) e^{-i\omega\tau} \, \mathrm{d}\tau \tag{9.7}$$

und setzen die entsprechenden Werte für $E_{\mu'}(\boldsymbol{r}; \omega')$ und $E_{\mu''}(\boldsymbol{r}; \omega'')$ in (9.4) ein, so erhalten wir, wenn wir die

Reihenfolge der Integrationen vertauschen, die Beziehung

$$P_\mu(\boldsymbol{r}, t) = \int\limits_{-\infty}^{\infty} \int\limits_{-\infty}^{\infty} \mathrm{d}\,\tau' \,\mathrm{d}\,\tau'' \sum_{\mu', \mu''} Q_{\mu\mu'\mu''}(t - \tau', t - \tau'') \times E_{\mu'}(\boldsymbol{r}, \tau') E_{\mu''}(\boldsymbol{r}, \tau'') \tag{9.8}$$

mit

$$Q_{\mu\mu'\mu''}(t_1, t_2) = \frac{1}{(2\pi)^2} \int\limits_{-\infty}^{\infty} \int\limits_{-\infty}^{\infty} \mathrm{d}\,\omega' \,\mathrm{d}\,\omega'' \times \chi_{\mu\mu'\mu''}(\omega' + \omega''; \omega', \omega'')\, e^{i\omega' t_1}\, e^{i\omega'' t_2} \tag{9.9}$$

als der sogenannten Reaktionsfunktion (englisch „response function"). (Auch die Bezeichnungen Nachwirkungs-, Echo- und Nachhall-Funktion werden manchmal benutzt.)

Vermöge Gl. (9.8) wird also die Polarisation des Mediums direkt durch die äußeren Felder, ohne Bezugnahme auf die FOURIER-Zerlegung (9.1), ausgedrückt. Gl. (9.8) lehrt, daß für den Wert der Polarisation in einem bestimmten Zeitpunkt t allgemein die Werte der elektrischen Feldstärke auch zu anderen Zeiten — genau gesprochen, zu allen Zeiten τ', τ'', für welche die Reaktionsfunktion $Q(t - \tau', t - \tau'')$ von Null merklich verschieden ist — maßgebend sind.

Nun muß man aus Kausalitätsgründen verlangen, daß die Polarisation zu einer definierten Zeit t nur durch die vergangenen, nicht aber die zukünftigen Einwirkungen der äußeren Felder bestimmt wird, m. a. W., es muß vernünftigerweise gelten

$$Q(t_1, t_2) = 0 \quad \text{für} \quad t_1 < 0, \quad t_2 < 0 \tag{9.10}$$

(so daß sich die Integrale in (9.8) tatsächlich nur bis zur Stelle t jeweils erstrecken).

Die vorstehende Gleichung kann man leicht beweisen. Denken wir uns in (9.9) zunächst die ω'-Integration bei festgehaltenem Wert von ω'' ausgeführt, so sorgt der

Faktor $\exp\{i\omega' t_1\}$ im Fall $t_1 < 0$ für Konvergenz in der unteren ω'-Halbebene, und wir können den längs der reellen Achse verlaufenden Integrationsweg durch einen in der unteren Halbebene liegenden (unendlich fernen) Halbkreis schließen. Nach den Ergebnissen von Abschn. 1.7 liegen die Polstellen von χ, bedingt durch die Relaxationsvorgänge, sämtlich in der oberen Halbebene, so daß wir nach dem CAUCHYschen Integralsatz den genannten Integrationsweg auf einen Kreis mit beliebig kleinem Radius zusammenziehen können, sich der Wert des Integrals also zu Null ergibt (woran auch die nachfolgende Integration über ω'' nichts mehr ändern kann). In entsprechender Weise argumentiert man im Fall $t_2 < 0$, wo man zweckmäßigerweise zuerst über ω'' integriert. Damit hat also die in Abschn. 1.7 gefundene, etwas formale Aussage über die Lage der Singularitäten des Suszeptibilitätstensors eine direkte physikalische Bedeutung erhalten: sie garantiert die Gültigkeit des Kausalitätsprinzips.

Im Fall fehlender Relaxationsprozesse, bei dem die Polstellen von χ sämtlich der reellen Achse angehören, geben wird dem Integral (9.9) dadurch einen definierten Sinn, daß wir uns den Integrationsweg bei der zuerst auszuführenden Integration „dicht unterhalb" der reellen Achse verlaufend denken. Diese Festlegung ergibt sich eindeutig, wenn wir, wie es vernünftig ist, den genannten Idealfall als Limes verschwindend schwacher Relaxationsvorgänge auffassen. Die weitere Schlußweise ist dann die gleiche wie oben, und wir finden Gl. (9.10) bestätigt.

Weiterhin kann man an Gl. (9.9) leicht die Wirkung der Zeitumkehroperation studieren. Die Bedeutung der letzteren ist ja in diesem Fall evident, man hat das Vorzeichen von t_1 und t_2 (simultan) umzukehren:

$$t_1 \to -t_1 \quad \text{und} \quad t_2 \to -t_2 . \tag{9.11}$$

Aus der Darstellung (9.9) erkennt man, daß Invarianz gegenüber der Transformation (9.11) dann vorliegt, wenn gilt

$$\chi_{\mu\mu'\mu''}(-\omega'-\omega'';-\omega',-\omega'')=\chi_{\mu\mu'\mu''}(\omega'+\omega'';\omega',\omega''), \tag{9.12}$$

und diese Relation ist, wie wir in Abschn. 1.5 festgestellt haben (s. Gl. (5.11)), dann gültig, wenn χ reell ist, was wiederum dann zutrifft, wenn der (ungestörte) HAMILTON-Operator H^0 reell ist, womit sich der Kreis der Überlegungen schließt.

Generell ist als ein interessantes Ergebnis der obigen Untersuchungen zu vermerken, daß eine echte Frequenzabhängigkeit des Suszeptibilitätstensors, also das Auftreten einer Dispersion, notwendig das physikalische Bild impliziert, daß die Atome bei der Ausbildung des induzierten Dipolmoments über ein „Gedächtnis" verfügen, d. h. sich nicht nur nach dem momentanen Wert der elektrischen Feldstärke, sondern auch den zeitlich zurückliegenden Werten von $\boldsymbol{E}$ richten; denn offenbar entartet nur für den Fall, daß der Suszeptibilitätstensor von ω' und ω'' nicht abhängt, die Zeitabhängigkeit der Reaktionsfunktion in das Produkt zweier Delta-Funktionen:

$$Q_{\mu\mu'\mu''}(t_1,t_2)=\chi_{\mu\mu'\mu''}\,\delta(t_1)\,\delta(t_2) \quad \text{bei fehlender Dispersion.} \tag{9.13}$$

Daß die Atome bei Vorliegen von Dispersion eine endliche Zeit benötigen, um auf das äußere Feld zu reagieren, ist andererseits physikalisch verständlich, da sie doch offenbar eine Art FOURIER-Analyse des Feldes vornehmen müssen, was nicht momentan geschehen kann.

Gehen wir auf die explizite Gestalt des Suszeptibilitätstensors zurück, wie sie aus Gln. (6.18) und (7.34) folgt, wenn wir dort den Ausdruck (7.33) für die Größe $\bar{\eta}^{(T)}_{\mu\mu'\mu''}(\omega;\omega',\omega'')$ einsetzen, so sehen wir, daß wir zur Berechnung der Reaktionsfunktion Integrale vom

Typ

$$I \equiv \int_{-\infty}^{\infty}\int_{-\infty}^{\infty} d\omega'\, d\omega'' \frac{e^{i\omega' t_1}\, e^{i\omega'' t_2}}{(\omega'' + \Omega_{k'k})(\omega' + \omega'' + \Omega_{jk})} \tag{9.14}$$

zu lösen haben. Führen wir zunächst die ω''-Integration aus, so erhalten wir, da wir den Integrationsweg wegen $t_2 > 0$ durch einen in der oberen Halbebene verlaufenden (unendlich fernen) Halbkreis schließen können, nach dem Residuensatz

$$I = 2\pi i \int_{-\infty}^{\infty} d\omega'\, e^{i\omega' t_1} \left\{ \frac{e^{-i\Omega_{k'k} t_2}}{\omega' + \Omega_{jk} - \Omega_{k'k}} - \frac{e^{-i\Omega_{jk} t_2}\, e^{-i\omega' t_2}}{\omega' + \Omega_{jk} - \Omega_{k'k}} \right\}. \tag{9.15}$$

Hier liegen die Polstellen des Integranden — wegen der Differenzbildung $\Omega_{jk} - \Omega_{k'k}$ — nicht notwendig in der oberen Halbebene. Betrachten wir zunächst den Fall, daß sie der unteren Halbebene angehören, d. h., setzen wir das Bestehen der Ungleichung

$$\Gamma_{jk} - \Gamma_{k'k} < 0 \tag{9.16}$$

voraus, so verschwindet das Integral (9.15) dann, wenn der Integrationsweg in der oberen Halbebene geschlossen werden kann, was bei dem ersten Term des Integranden (wegen $t_1 > 0$) auf jeden Fall, bei dem zweiten Term dagegen nur für $t_1 - t_2 > 0$ möglich ist. Im Fall $t_1 - t_2 < 0$ liefert der zweite Term einen endlichen Beitrag, da dann der Integrationsweg nur durch einen in der unteren Halbebene liegenden Halbkreis ergänzt werden kann; explizit erhalten wir so nach dem Residuensatz

$$I = \begin{cases} -(2\pi)^2\, e^{-i(\Omega_{jk} - \Omega_{k'k}) t_1}\, e^{-i\Omega_{k'k} t_2} & \text{für } t_2 - t_1 > 0 \\ 0 & \text{für } t_2 - t_1 < 0 \end{cases} \tag{9.17}$$

oder, umgeformt,

$$I = \begin{cases} -(2\pi)^2 \, e^{-i\omega_{jk}t_1 - i\omega_{k'k}(t_2-t_1)} \, e^{-\Gamma_{jk}t_1 - \Gamma_{k'k}(t_2-t_1)} & \text{für } t_2 - t_1 > 0 \\ 0 & \text{für } t_2 - t_1 < 0, \end{cases} \tag{9.18}$$

wobei noch Gl. (7.8) beachtet wurde.

Man sieht an der letzten Darstellung, daß keine Konvergenzschwierigkeiten auftreten, wenn man die Voraussetzung (9.16) fallenläßt, da die Imaginärteile von Ω_{jk} und $\Omega_{k'k}$ jeweils für sich die Konvergenz sicherstellen. Es ist daher zu erwarten, daß Gl. (9.18) auch für den Fall $\Gamma_{jk} - \Gamma_{k'k} > 0$ und damit allgemein gültig ist, wie man durch explizite Rechnung auch leicht bestätigt.

Aus Gl. (9.18) ist ersichtlich, daß die Relaxationsprozesse zu einem exponentiellen zeitlichen „Abschneiden" der Reaktionsfunktion Anlaß geben. Das „Gedächtnis" des Mediums erstreckt sich über einen Zeitraum, der größenordnungsmäßig durch die Werte $\tau_{jk} \equiv \Gamma_{jk}^{-1}$ gegeben ist. Dieses Ergebnis ist plausibel, wenn man daran denkt, daß die Größen τ_{jk} die Zeitspannen markieren, in denen die individuellen Atome (im Mittel) ungestört auf das äußere Feld reagieren können, genauer gesprochen, in denen die induzierten Dipolmomente phasengerecht mit dem Feld mitschwingen. Die Zerstörung des elektrischen Dipolmoments (im Sinn des quantenmechanischen Erwartungswerts) bedeutet dann sozusagen einen Verlust der bereits gesammelten Information, so daß das „Gedächtnis" der Atome verständlicherweise auf die genannten Zeitintervalle beschränkt ist. Nur bei fehlenden Relaxationsvorgängen erstreckt sich, wie auch die Rechnung zeigt, das „Erinnerungsvermögen" der Atome im Prinzip bis in die unendlich ferne Vergangenheit.

2. Wechselwirkung zwischen Wellen verschiedener Frequenz

2.1. Die Wechselwirkungsenergie

Bekanntlich ist die Änderung eines elektrischen Dipolmoments in einem äußeren elektrischen Feld mit einer Arbeitsleistung verbunden. Denken wir — in Anlehnung an die tatsächlichen Verhältnisse bei einem Atom — an ein einfaches (klassisches) Modell eines Dipols, nämlich eine am Ort $\boldsymbol{r}$ befindliche (bewegliche) Punktladung e und dazu eine im Koordinatenursprung fixierte, gleich große, aber dem Vorzeichen nach entgegengesetzte Punktladung $-e$, so leistet die elektrische Feldstärke $\boldsymbol{E}$ bei einer Verschiebung der Ladung e um $\delta\boldsymbol{r}$ die Arbeit

$$\delta A = e\boldsymbol{E}\,\delta\boldsymbol{r} \tag{1.1}$$

oder, da die Größe $e\,\delta\boldsymbol{r}$ gerade die Änderung des Dipolmoments

$$\boldsymbol{D} = e\boldsymbol{r} \tag{1.2}$$

bedeutet,

$$\delta A = \boldsymbol{E}\,\delta\boldsymbol{D}. \tag{1.3}$$

Betrachten wir ein Medium, in dem — hervorgerufen durch ein eingestrahltes elektromagnetisches Feld — eine makroskopische Polarisation $\boldsymbol{P}$ vorliegt, so wird bei einer Änderung der Polarisation um $\delta\boldsymbol{P}$ von der elektrischen Feldstärke in einem Volumenelement $\varDelta V$ (dem also das Dipolmoment $\boldsymbol{P}\varDelta V$ zukommt) die Arbeit

$$\delta A = \boldsymbol{E}\,\delta\boldsymbol{P}\,\varDelta V \tag{1.4}$$

geleistet. Bezeichnen wir die auf die Volumeneinheit bezogene Arbeit mit δw,

$$\delta w = \frac{\delta A}{\varDelta V}, \tag{1.5}$$

so gilt somit die einfache Beziehung

$$\delta w = \boldsymbol{E}\,\delta \boldsymbol{P}. \tag{1.6}$$

Nehmen wir an, daß die Polarisation des Mediums quadratisch in der elektrischen Feldstärke ist, so geben also zwei eingestrahlte Frequenzen, sagen wir ω_1 und ω_2, im besonderen Anlaß zu einem mit der Summenfrequenz $\omega_3 = \omega_1 + \omega_2$ oszillierenden Anteil der Polarisation, der wiederum die Rolle einer Quelle für elektromagnetische Strahlung spielen kann. Durch geeignete Wahl der experimentellen Bedingungen kann so erreicht werden, daß eine Welle mit der Frequenz ω_3 ausgestrahlt wird. (Man muß dafür sorgen, daß für den erwähnten Prozeß die sogenannte Phasenanpassungsbedingung erfüllt ist; Näheres s. Abschn. 3.3.) Im allgemeinen ist es dann experimentell nicht möglich, noch weitere neue Frequenzen — entsprechend den Kombinationen $\omega_1 + \omega_1$, $\omega_2 + \omega_2$, $\omega_2 - \omega_1$, $\omega_3 + \omega_1$, $\omega_3 + \omega_2$ — zu erzeugen. (Es treten zwar mit den genannten Frequenzen schwingende Polarisationsanteile auf; diese führen aber zu keiner makroskopischen Ausstrahlung, weil — wegen der fehlenden Phasenanpassung — die an einem Ort erzeugte Strahlung an einer anderen Stelle des Kristalls wieder absorbiert wird.) Wir können also voraussetzen, daß zur Beobachtungszeit drei Wellen mit den Frequenzen ω_1, ω_2 und $\omega_3 = \omega_1 + \omega_2$ — und nur diese — angeregt sind.

Denken wir an einen adiabatischen Einschaltvorgang für die elektromagnetischen Felder[1]), so wird also, da das stetige Anwachsen der (komplexen) Amplituden der elektrischen Feldstärke für die einzelnen Wellen mit einer

[1]) Bei der oben betrachteten Erzeugung der Summenfrequenz hätte man den Einschaltvorgang nur im Fall der Frequenzen ω_1 und ω_2 in der Hand. Das intensitätsmäßige Anwachsen der Welle mit der Frequenz ω_3 ergäbe sich dann zwangsläufig als Folge der nichtlinearen Wechselwirkung. Allerdings könnte man durch Änderung der Resonatorverluste für die letztere Welle deren Anlaufvorgang noch zusätzlich beeinflussen.

(ebenfalls stetigen) Polarisationsänderung Hand in Hand geht, ständig Arbeit geleistet. Genauer muß man so sagen: Eine Arbeitsleistung erfolgt bereits auf Grund der hochfrequenten Zeitabhängigkeit der Polarisation; durch das Einschalten (das wir mathematisch durch ein stetiges, langsames Anwachsen der komplexen Amplituden $\boldsymbol{E}(\boldsymbol{r};\omega_j)$ $(j = 1, 2, 3)$ beschreiben) kommt eine zusätzliche Arbeitsleistung ins Spiel, und letztere ist für uns von hauptsächlichem Interesse.

Generell ist festzustellen, daß sich die Größe δw (Gl. (1.6)) wegen des hochfrequenten Oszillierens der elektrischen Feldstärken der einzelnen Wellen zeitlich sehr schnell ändert. Es erscheint daher sinnvoll, zu der (über mehrere Lichtperioden) zeitlich gemittelten Arbeitsleistungen $\delta\overline{w}$ überzugehen. Dann fallen zunächst diejenigen Arbeitsanteile weg, die von der elektrischen Feldstärke der Frequenz $\omega (= \omega_1, \omega_2, \omega_3)$ an den Anteilen der Polarisation geleistet werden, die mit anderen Frequenzen $\omega' \neq \omega$ oszillieren.

Wir wollen uns nun auf solche Prozesse beschränken, bei denen das Medium nur die Rolle eines „Mittlers" spielt, ohne sich selbst am Energieaustausch zu beteiligen. Wir setzen also voraus, daß sich keine der Frequenzen ω_j $(j = 1, 2, 3)$ in Resonanz mit dem Medium befindet; dann können wir nach Abschn. 1.7 den Einfluß der Relaxationsvorgänge außer acht lassen. Der Suszeptibilitätstensor wird dann reell, und es gelten die Symmetrierelationen (6.19) bis (6.23). Die bei konstanten komplexen Amplituden $\boldsymbol{E}(\boldsymbol{r};\omega_j)$ $(j = 1, 2, 3)$ in der Zeiteinheit geleistete Gesamtarbeit ist dann im zeitlichen Mittel aus Energieerhaltungsgründen gleich Null (dies wird auch durch eine explizite Berechnung bestätigt, wie wir sie im folgenden Abschnitt vornehmen werden), so daß die *gesamte*, während eines Zeitintervalls δt — in dem sich infolge des Einschaltvorgangs die komplexen Amplituden der elektrischen Feldstärke um $\delta\boldsymbol{E}(\boldsymbol{r};\omega_j)$ $(j = 1, 2, 3)$ jeweils ändern — geleistete (über mehrere Lichtperioden gemittelte) Arbeit pro Volumeneinheit gegeben ist durch

$$\delta \overline{w} = \sum_{\mu,j} E_\mu^*(\boldsymbol{r}; \omega_j)\, \delta P_\mu(\boldsymbol{r}; \omega_j) + \text{Konj. Kompl.} \tag{1.7}$$

Dabei bezeichnet $P_\mu(\boldsymbol{r}; \omega_j)$ die zur Frequenz ω_j ($j = 1, 2, 3$) gehörige FOURIER-Komponente der Polarisation am Ort $\boldsymbol{r}$, und offenbar sind die angeschriebenen Produkte die einzigen, die bei zeitlicher Mittelung von δw übrigbleiben, da sie gerade die zeitunabhängigen Anteile von δw repräsentieren.

Da der mit einer bestimmten Frequenz ω_j oszillierende Polarisationsanteil wiederum von den zu den anderen Frequenzen gehörenden elektrischen Feldstärken abhängt, spielt eine jede Welle bestimmter Frequenz in Gl. (1.7) eine doppelte Rolle: Einmal tritt sie als eine Kraft in Erscheinung, die an dem mit gleicher Frequenz schwingenden Polarisationsanteil Arbeit leistet, andererseits ist sie ein konstituierendes Element von Polarisationstermen, an denen wiederum eine Welle anderer Frequenz eine Arbeitsleistung vollbringt.

Wir wollen nun Gl. (1.7) explizit als Funktion der FOURIER-Komponenten der elektrischen Feldstärke schreiben. Nach Gl. (6.17) gilt für die einzelnen FOURIER-Komponenten der Polarisation die Darstellung

$$\begin{aligned} P_\mu(\omega_3) &= 2 \sum_{\mu',\mu''} \chi_{\mu\mu'\mu''}(\omega_3; \omega_1, \omega_2)\, E_{\mu'}(\omega_1) E_{\mu''}(\omega_2), \\ P_\mu(\omega_2) &= 2 \sum_{\mu',\mu''} \chi_{\mu\mu'\mu''}(\omega_2; -\omega_1, \omega_3)\, E_{\mu'}(-\omega_1)\, E_{\mu''}(\omega_3), \\ P_\mu(\omega_1) &= 2 \sum_{\mu',\mu''} \chi_{\mu\mu'\mu''}(\omega_1; \omega_3, -\omega_2)\, E_{\mu'}(\omega_3)\, E_{\mu''}(-\omega_2). \end{aligned} \tag{1.8}$$

Der hier auftretende Faktor 2 rührt von der Symmetrie des Suszeptibilitätstensors bezüglich der letzten beiden Indexpaare her (s. Gl. (6.19)). (Die Summe in Gl. (6.17) enthält jeweils zwei Terme, die mit der gleichen Frequenz oszillieren — im Fall der Größe $P_\mu(\omega_3)$ beispielsweise gehören sie zu den Frequenzkombinationen $\omega' = \omega_1$, $\omega'' = \omega_2$ bzw. $\omega' = \omega_2$, $\omega'' = \omega_1$ – und auf Grund der genannten Symmetrie einander gleich sind.) In Gln. (1.8) wurde lediglich zur Vereinfachung der Schreibweise das Argument $\boldsymbol{r}$ bei $P_\mu(\omega_j)$ und $E_\mu(\omega_j)$ weggelassen; nach wie vor beziehen sich die gegenwärtigen Untersuchungen auf einen bestimmten Raumpunkt $\boldsymbol{r}$, genauer gesagt, auf ein um diesen Raumpunkt sich erstreckendes Volumenelement.

Unter Verwendung von Gln. (1.8) und der Realitätsbedingung (3.13), Kapitel 1, für die elektrische Feldstärke erhält man so aus Gl. (1.7) die Relation

$$\begin{aligned}\delta \overline{w} = 2 \sum_{\mu,\mu',\mu''} \{ &\chi_{\mu\mu'\mu''}(\omega_3;\, \omega_1, \omega_2)\, E_\mu^*(\omega_3)\, \delta\, [E_{\mu'}(\omega_1)\, E_{\mu''}(\omega_2)] \\ &+ \chi_{\mu''\mu'\mu}(\omega_2;\, -\omega_1, \omega_3)\, E_{\mu''}^*(\omega_2)\, \delta\, [E_{\mu'}^*(\omega_1)\, E_\mu(\omega_3)] \\ &+ \chi_{\mu'\mu\mu''}(\omega_1;\, \omega_3, -\omega_2)\, E_{\mu'}^*(\omega_1)\, \delta\, [E_\mu(\omega_3)\, E_{\mu''}^*(\omega_2)]\} \\ &+ \text{Konj. Kompl.} \end{aligned} \tag{1.9}$$

Hier wurden noch (bei den zu den Frequenzen ω_1 und ω_2 gehörigen Beiträgen zu $\delta\overline{w}$) die Summationsvariablen in passender Weise unbenannt (nämlich so, daß stets μ mit ω_3, μ' mit ω_1 und μ'' mit ω_2 verknüpft sind).

Da in Gl. (1.9) zusammen mit den explizit angegebenen Ausdrücken auch gerade jeweils die dazu konjugiert komplexen Größen vorkommen, kann man unter Beachtung der Relation (6.22), Kapitel 1, an Stelle von Gl. (1.9) auch schreiben

$$\begin{aligned}\delta \overline{w} = 2 \sum_{\mu,\mu',\mu''} \{ &\chi_{\mu\mu'\mu''}(\omega_3;\, \omega_1, \omega_2)\, E_\mu^*(\omega_3)\, \delta\, [E_{\mu'}(\omega_1)\, E_{\mu''}(\omega_2)] \\ &+ \chi_{\mu''\mu'\mu}(-\omega_2;\, \omega_1, -\omega_3)\, E_{\mu''}(\omega_2)\, \delta\, [E_{\mu'}(\omega_1)\, E_\mu^*(\omega_3)] \\ &+ \chi_{\mu'\mu\mu''}(-\omega_1;\, -\omega_3, \omega_2)\, E_{\mu'}(\omega_1)\, \delta\, [E_\mu^*(\omega_3)\, E_{\mu''}(\omega_2)]\} \\ &+ \text{Konj. Kompl.} \end{aligned} \tag{1.10}$$

(was nur eine Änderung der Reihenfolge der Summanden in Gl. (1.9) bedeutet). Die Darstellung (1.10) hat den

Vorteil, daß unter dem Summenzeichen überall die gleichen Größen, nämlich $E_\mu^*(\omega_3)$, $E_{\mu''}(\omega_2)$ und $E_{\mu'}(\omega_1)$ auftreten.

Es erhebt sich nun die Frage, ob — oder unter welchen Bedingungen — die Größe $\delta\overline{w}$ gemäß Gl. (1.10) ein totales Differential darstellt, d. h., ob eine *Zustandsfunktion* $\overline{w}$ existiert, die man dem System Strahlungsfeld + Medium im Sinn einer Wechselwirkungsenergie — genauer, einer räumlichen Dichte der Wechselwirkungsenergie — zuordnen kann. Zur Beantwortung dieser Frage ist es zweckmäßig, Gl. (1.10) unter Verwendung der allgemeinen Relation

$$\delta(abc) = a\delta(bc) + bc\,\delta a \tag{1.11}$$

umzuformen in

$$\delta\overline{w} = \delta g + \delta f \tag{1.12}$$

mit

$$\begin{aligned}\delta g = 2\sum_{\mu,\mu',\mu''}\{[\chi_{\mu\mu'\mu''}(\omega_3;\omega_1,\omega_2) + \chi_{\mu''\mu'\mu}(-\omega_2;\omega_1,-\omega_3)\\ + \chi_{\mu'\mu\mu''}(-\omega_1;-\omega_3,\omega_2)]\,\delta\,[E_\mu^*(\omega_3)\,E_{\mu'}(\omega_1)\,E_{\mu''}(\omega_2)]\}\\ + \text{Konj. Kompl.}\end{aligned} \tag{1.13}$$

und

$$\begin{aligned}\delta f = -2\sum_{\mu,\mu',\mu''}\{\chi_{\mu\mu'\mu''}(\omega_3;\omega_1,\omega_2)\,E_{\mu'}(\omega_1)\,E_{\mu''}(\omega_2)\,\delta\,E_\mu^*(\omega_3)\\ + \chi_{\mu''\mu'\mu}(-\omega_2;\omega_1,-\omega_3)\,E_{\mu'}(\omega_1)\,E_\mu^*(\omega_3)\,\delta E_{\mu''}(\omega_2)\\ + \chi_{\mu'\mu\mu''}(-\omega_1;-\omega_3,\omega_2)\,E_\mu^*(\omega_3)\,E_{\mu''}(\omega_2)\,\delta E_{\mu'}(\omega_1)\}\\ + \text{Konj. Kompl.}\end{aligned} \tag{1.14}$$

Da δg offenbar ein totales Differential repräsentiert, reduziert sich unser Problem auf die Untersuchung von

δf. Nun gilt bekanntlich der mathematische Satz, daß eine Größe der Form

$$\delta y = \sum_{j=1}^{n} k_j(x_1, x_2, \ldots, x_n)\, \delta x_j \tag{1.15}$$

dann und nur dann ein totales Differential ist, wenn die Relationen

$$\frac{\partial k_j}{\partial x_i} = \frac{\partial k_i}{\partial x_j} \quad \text{für} \quad i, j = 1, 2, \ldots, n \tag{1.16}$$

erfüllt sind. Angewendet auf das Differential δf bedeutet dies, es muß beispielsweise gelten

$$\frac{\partial}{\partial E_{\mu_1}(\omega_1)} \sum_{\mu',\mu''} \chi_{\mu_3\mu'\mu''}(\omega_3; \omega_1, \omega_2)\, E_{\mu'}(\omega_1)\, E_{\mu''}(\omega_2)$$
$$= \frac{\partial}{\partial E^*_{\mu_3}(\omega_3)} \sum_{\mu,\mu''} \chi_{\mu_1\mu\mu''}(-\omega_1; -\omega_3, \omega_2)\, E_\mu^*(\omega_3)\, E_{\mu''}(\omega_2). \tag{1.17}$$

Führen wir hier die Differentiationen aus, so entsteht

$$\sum_{\mu''} \chi_{\mu_3\mu_1\mu''}(\omega_3; \omega_1, \omega_2)\, E_{\mu''}(\omega_2)$$
$$= \sum_{\mu''} \chi_{\mu_1\mu_3\mu''}(-\omega_1; -\omega_3, \omega_2)\, E_{\mu''}(\omega_2), \tag{1.18}$$

und da die Größen $E_{\mu''}(\omega_2)$ für verschiedene Indizes unabhängig voneinander sind, folgt daraus die Bedingung

$$\chi_{\mu_3\mu_1\mu_2}(\omega_3; \omega_1, \omega_2) = \chi_{\mu_1\mu_3\mu_2}(-\omega_1; -\omega_3, \omega_2). \tag{1.19}$$

In analoger Weise findet man als weitere Bedingung die Relation

$$\chi_{\mu_3\mu_1\mu_2}(\omega_3; \omega_1, \omega_2) = \chi_{\mu_2\mu_1\mu_3}(-\omega_2; \omega_1, -\omega_3). \tag{1.20}$$

Die in der eckigen Klammer von Gl. (1.13) bzw. in Gl. (1.14) auftretenden Komponenten des Suszeptibilitätstensors müssen somit — bei fixierten Indizes μ, μ', μ'' — sämtlich gleich sein. Dies ist zugleich notwendig und hinreichend dafür, daß δf, und damit auch $\delta \overline{w}$ ein totales Differential darstellt.

Nun sind die angeschriebenen Relationen (1.19) und (1.20) gerade nichts anderes als die uns bereits vertrauten Symmetriebeziehungen (s. Gln. (6.20) und (6.21), Kapitel 1), so daß wir also — je nachdem, welchen Standpunkt wir beziehen — zwei Schlüsse ziehen können:

1. Von der mikroskopischen Theorie des Suszeptibilitätstensors werden die in Rede stehenden Symmetriebeziehungen geliefert (s. Abschn. 1.5), die mikroskopische Theorie garantiert damit die Existenz einer Zustandsdichte $\overline{w}$ mit der physikalischen Bedeutung einer (zeitlich gemittelten) Dichte der Wechselwirkungsenergie.
2. Im Rahmen einer rein phänomenologischen Theorie der nichtlinearen Prozesse führt das *Postulat* der Existenz einer Zustandsfunktion $\overline{w}$ (deren Differential durch Gl. (1.10) gegeben ist) notwendig zu den Permutationssymmetrien des Suszeptibilitätstensors.

Damit haben wir also zum erstenmal eine Verknüpfung der formalen Symmetrieeigenschaften (1.19) und (1.20) des Suszeptibilitätstensors mit einem physikalischen Sachverhalt gefunden. Letzterer besteht, um es noch einmal deutlich zu sagen, darin, daß die während des Einschaltvorgangs vom elektrischen Feld an der — vom gleichen Feld im Medium erst erzeugten — Polarisation geleistete, zeitlich (über mehrere Lichtperioden) gemittelte Arbeit unabhängig ist von der Art und Weise des Einschaltvorgangs — etwas mehr mathematisch gesprochen, von dem „Weg“, auf dem der betrachtete Zustand mit den komplexen Amplituden $E_\mu(\omega_j)$ ($j = 1, 2, 3$) erreicht wurde. Dieser Arbeitsbetrag ist somit eindeutig allein durch die zur Beobachtungszeit herrschenden Werte der Phase und Amplitude der Partialwellen bestimmt.

Wir wollen schließlich die Größe $\overline{w}$ noch explizit angeben. Nach Gl. (1.12) gilt zunächst

$$\overline{w} = g + f. \tag{1.21}$$

Unter Beachtung der Symmetriebeziehungen (1.19) und (1.20) können wir die Funktion g nach Gl. (1.13) darstellen als

$$g = 6 \sum_{\mu,\mu',\mu''} \chi_{\mu\mu'\mu''}(\omega_3; \omega_1, \omega_2)\, E_\mu^*(\omega_3)\, E_{\mu'}(\omega_1)\, E_{\mu''}(\omega_2) + \text{Konj. Kompl.}, \tag{1.22}$$

und die Funktion f nimmt nach Gl. (1.14) — da die geschweifte Klammer in dieser Gleichung bei Gültigkeit von Gln. (1.19) und (1.20) gerade das totale Differential $\chi_{\mu\mu'\mu''}(\omega_3; \omega_1, \omega_2)\, \delta[E_\mu^*(\omega_3)\, E_{\mu'}(\omega_1)\, E_{\mu''}(\omega_2)]$ ergibt — die folgende Gestalt an

$$f = -2 \sum_{\mu,\mu',\mu''} \chi_{\mu\mu'\mu''}(\omega_3; \omega_1, \omega_2)\, E_\mu^*(\omega_3) E_{\mu'}(\omega_1)\, E_{\mu''}(\omega_2) + \text{Konj. Kompl.} \tag{1.23}$$

Damit lautet die gesuchte Funktion $\overline{w}$ explizit

$$\overline{w} = 4 \sum_{\mu,\mu',\mu''} \chi_{\mu\mu'\mu''}(\omega_3; \omega_1, \omega_2)\, E_\mu^*(\omega_3)\, E_{\mu'}(\omega_1)\, E_{\mu''}(\omega_2) + \text{Konj. Kompl.}, \tag{1.24}$$

wofür unter Verwendung der ersten der Gln. (1.8) auch geschrieben werden kann

$$\overline{w} = 2 \sum_{\mu} \{E_\mu^*(\omega_3)\, P_\mu(\omega_3) + E_\mu(\omega_3)\, P_\mu^*(\omega_3)\}. \tag{1.25}$$

Die hier vorgenommene Auszeichnung der Frequenz ω_3 ist natürlich willkürlich. In der Tat kann man Gl. (1.24) unter Verwendung der Permutationssymmetrien des Suszeptibilitätstensors auch leicht umformen in

$$\overline{w} = 2 \sum_{\mu} \{E_\mu^*(\omega_2)\, P_\mu(\omega_2) + E_\mu(\omega_2)\, P_\mu^*(\omega_2)\} \tag{1.26}$$

oder

$$\overline{w} = 2 \sum_{\mu} \{E_{\mu}^{*}(\omega_1) P_{\mu}(\omega_1) + E_{\mu}(\omega_1) P_{\mu}^{*}(\omega_1)\}. \quad (1.27)$$

Durch Addition der letzten drei Gleichungen erhalten wir schließlich einen in den drei Frequenzen symmetrischen Ausdruck für $\overline{w}$, nämlich

$$\overline{w} = \frac{2}{3} \sum_{\mu,j} \{E_{\mu}^{*}(\omega_j) P_{\mu}(\omega_j) + E_{\mu}(\omega_j) P_{\mu}^{*}(\omega_j)\} \quad (j = 1, 2, 3). \quad (1.28)$$

Die hier zum Ausdruck kommende Aufteilung der Energie in drei Anteile, die den einzelnen Frequenzen zuzuordnen sind, entspricht offenbar dem Ausgangspunkt unserer Betrachtung (Gl. (1.7)).

Wir bemerken noch, daß die Funktion f gemäß Gl. (1.23) selbst schon eine physikalische Bedeutung besitzt. Nach Gl. (1.14) können wir ja unter Beachtung von Gln. (1.8) sowie Gl. (6.22), Kapitel 1, schreiben

$$\delta f = -\sum_{\mu} \{P_{\mu}(\omega_1)\, \delta E_{\mu}^{*}(\omega_1) + P_{\mu}(\omega_2)\, \delta E_{\mu}^{*}(\omega_2) + P_{\mu}(\omega_3)\, \delta E_{\mu}^{*}(\omega_3)\} + \text{Konj. Kompl.}, \quad (1.29)$$

d. h., es gilt

$$\delta f = -\overline{\boldsymbol{P}\, \delta \boldsymbol{E}}, \quad (1.30)$$

wobei der Querstrich eine zeitliche Mittelung über mehrere Lichtperioden symbolisiere. Damit ist die Funktion f — unter der oben diskutierten Voraussetzung, daß sie im Sinn einer Zustandsfunktion existiert, δf also ein totales Differential darstellt — als (zeitlich gemittelte) räumliche Dichte der freien Energie anzusprechen (vgl. [3]). Durch Vergleich der Gln. (1.23) und (1.24) findet man sofort den folgenden einfachen Zusammenhang zwischen f und $\overline{w}$

$$\overline{w} = -2f. \quad (1.31)$$

Bei der späteren quantenmechanischen Beschreibung der nichtlinearen optischen Vorgänge wird sich herausstellen, daß gerade die freie Energie — nach Quantisierung — die Rolle des effektiven Wechselwirkungsoperators spielt (s. Abschn. 5.4).

2.2 Die Manley-Rowe-Beziehungen

Im vorhergehenden Abschnitt haben wir gesehen, daß die Permutationssymmetrien des Suszeptibilitätstensors die Existenz einer Zustandsfunktion $\overline{w}$ implizieren, die physikalisch als mit der Wechselwirkung zwischen der Strahlung und dem nichtlinearen Medium verknüpfte (zeitlich gemittelte) Energiedichte zu interpretieren ist. Damit sind aber die physikalischen Konsequenzen der genannten Symmetrierelationen noch nicht erschöpft. Letztere gestatten, wie wir in diesem Abschnitt zeigen werden, noch eine weitere allgemeine, physikalisch bedeutsame Folgerung; sie geben nämlich Anlaß zu den sogenannten Manley-Rowe-Beziehungen, die in der Mikrowellenphysik — von der Theorie des parametrischen Verstärkers her — seit längerem bekannt sind (s. z. B. [40]). Zu ihrer Herleitung sind einige formale Operationen erforderlich, deren Sinn eigentlich erst am Endergebnis deutlich wird. (Wir folgen hier [13].)

Wir stellen uns vor, daß in ein Medium mit quadratischer Nichtlinearität zwei verschiedene (nicht kommensurable) Frequenzen ω_1 und ω_2 eingestrahlt werden. Auf Grund der nichtlinearen Polarisation des Mediums können dann (grundsätzlich) neue Wellen entstehen, die mit der Summen- bzw. mit der Differenzfrequenz, $\omega_1 + \omega_2$ bzw. $|\omega_1 - \omega_2|$, oszillieren; die letzteren können dann im Zusammenspiel mit den ursprünglichen Feldern wieder neue Kombinationsfrequenzen erzeugen usf., so daß nach einer gewissen Anlaufzeit im Prinzip sämtliche Frequenzen der Form

$$\omega_{mn} \equiv m\omega_1 + n\omega_2 \qquad (m \text{ und } n \text{ ganz}) \tag{2.1}$$

angeregt sein werden. Die Indizes m und n sollen dabei unabhängig voneinander alle ganzen Zahlen von $-\infty$ bis $+\infty$ durchlaufen; damit tritt – im Einklang mit der bisher verwendeten Symbolik – in (2.1) jede Frequenz doppelt, nämlich einmal mit positivem und einmal mit negativem Vorzeichen behaftet, auf.

Die elektrische Gesamt-Feldstärke kann dann also geschrieben werden als

$$\boldsymbol{E} = \sum_{mn} \boldsymbol{E}(\omega_{mn})\, e^{i\omega_{mn}t}. \tag{2.2}$$

Wir denken uns wieder einen bestimmten Ort $\boldsymbol{r}$ fixiert, ohne dies in der Bezeichnung explizit zu vermerken. Außerdem lassen wir eine – im Verhältnis zur hochfrequenten Oszillation – schwache Zeitabhängigkeit der komplexen Amplituden $\boldsymbol{E}(\omega_{mn})$ zu und erfassen so auch nichtstationäre Vorgänge. In praxi wird der Fall, daß sämtliche Frequenzen (2.1) in Erscheinung treten, nicht vorkommen, da sich die Phasenanpassungsbedingung nur jeweils für bestimmte Frequenzkombinationen erfüllen läßt (Näheres hierzu s. Abschn. 3.3). Mit dem Ansatz (2.2) erfassen wir offenbar den allgemeinsten Fall, aus dem durch Nullsetzen der entsprechenden Amplituden $\boldsymbol{E}(\omega_{mn})$ jeder beliebige Spezialfall erhalten werden kann. (Es braucht übrigens nicht vorausgesetzt zu werden, daß sämtliche Kombinationsfrequenzen erst durch nichtlineare Wechselwirkung mit dem Medium erzeugt werden, man kann sich auch einige von ihnen ebenfalls von außen eingestrahlt denken.)

Nach Gl. (6.17), Kapitel 1, ist dann die durch das elektrische Feld (2.2) hervorgerufene Polarisation formelmäßig gegeben durch

$$P_\mu(t) = \sum_{\substack{\mu',\mu'' \\ m',n' \\ m'',n''}} \chi_{\mu\mu'\mu''}(\omega_{m'n'} + \omega_{m''n''}; \omega_{m'n'}, \omega_{m''n''}) \times E_{\mu'}(\omega_{m'n'})\, E_{\mu''}(\omega_{m''n''})\, e^{i(\omega_{m'n'}+\omega_{m''n''})t}. \tag{2.3}$$

Offenbar können wir hier neue Summationsindizes

$$r = m' + m'', \quad s = n' + n'' \tag{2.4}$$

einführen und die Summation beispielsweise über r, s und m', n' erstrecken. Formal bequemer ist es, über sämtliche Indizes r, s, m', n', m'', n'' zu summieren und die Einschränkung (2.4) durch Multiplikation der Summanden in (2.3) mit den KRONECKER-Symbolen $\delta(m' + m'', r)$ und $\delta(n' + n'', s)$ zu berücksichtigen. Wir erhalten so unter Beachtung der Beziehung

$$\begin{aligned}\omega_{m'n'} + \omega_{m''n''} &= (m' + m'')\,\omega_1 + (n' + n'')\,\omega_2 \\ &= r\omega_1 + s\omega_2 = \omega_{rs}\end{aligned} \tag{2.5}$$

die Darstellung

$$\begin{aligned}P_\mu(t) = \sum_{\substack{\mu',\mu'' \\ m',n' \\ m'',n'' \\ r,s}} \chi_{\mu\mu'\mu''}(\omega_{rs};\, \omega_{m'n'}, \omega_{m''n''})\, E_{\mu'}(\omega_{m'n'}) \\ \times E_{\mu''}(\omega_{m''n''})\, \delta(m' + m'', r)\, \delta(n' + n'', s)\, e^{i\omega_{rs}t}.\end{aligned} \tag{2.6}$$

Wir berechnen nun die Arbeit pro Volumen- und Zeiteinheit, die bei der Frequenz $|\omega_{rs}|$ vom Feld (im zeitlichen Mittel über mehrere Lichtperioden) an der Polarisation geleistet wird. Nach Gl. (1.6) lautet allgemein die auf die Volumeneinheit bezogene Leistung

$$L = \boldsymbol{E}\dot{\boldsymbol{P}}. \tag{2.7}$$

Für den zur Frequenz $|\omega_{rs}|$ gehörigen, zeitlich gemittelten Anteil der Leistungsdichte ergibt sich daraus — unter der in praxi (vom Extremfall der Einstrahlung ultrakurzer Lichtimpulse abgesehen) stets erfüllten Voraussetzung, daß die zeitliche Abhängigkeit der komplexen Amplituden $\boldsymbol{E}(\omega_{mn})$ gegenüber der hochfrequenten Zeitabhängigkeit nicht ins Gewicht fällt — der folgende Ausdruck

$$\begin{aligned}\bar{L}(|\omega_{rs}|) = -i\,|\omega_{rs}|\,\boldsymbol{E}(|\omega_{rs}|)\,\boldsymbol{P}(-|\omega_{rs}|) \\ + i\,|\omega_{rs}|\,\boldsymbol{E}(-|\omega_{rs}|)\,\boldsymbol{P}(|\omega_{rs}|).\end{aligned} \tag{2.8}$$

Da die rechte Seite dieser Relation offensichtlich invariant gegenüber der Substitution $|\omega_{rs}| \to -|\omega_{rs}|$ ist, kann man dort die Betragsstriche weglassen, so daß entsteht

$$\bar{L}(|\omega_{rs}|) = -i\omega_{rs}\,\boldsymbol{E}(\omega_{rs})\,\boldsymbol{P}(-\omega_{rs}) + i\omega_{rs}\,\boldsymbol{E}(-\omega_{rs})\,\boldsymbol{P}(\omega_{rs}), \tag{2.9}$$

wofür unter Beachtung der Gleichung

$$-\omega_{rs} = -(r\omega_1 + s\omega_2) = \omega_{-r,-s} \tag{2.10}$$

auch geschrieben werden kann

$$\bar{L}(|\omega_{rs}|) = V_{rs} + V_{-r,-s} \tag{2.11}$$

mit der Abkürzung

$$V_{rs} = -i\omega_{rs}\,\boldsymbol{E}(\omega_{rs})\,\boldsymbol{P}(-\omega_{rs}). \tag{2.12}$$

Da statische Felder keine Arbeit leisten, ist von vornherein $\bar{L}(0)$ gleich Null (was formal auch sofort aus Gln. (2.11) und (2.12) folgt).

Wir bilden nun die Größe

$$M \equiv \sum_{\substack{r,s \\ (\omega_{rs}>0)}} r\,\frac{\bar{L}(\omega_{rs})}{\omega_{rs}} \tag{2.13}$$

(die Summation erstrecke sich über alle Indexkombinationen r, s, für welche die zugehörige Frequenz ω_{rs} positiv ist), von der sich zeigen wird, daß sie verschwindet. (Diese Aussage ist gerade nichts anderes als eine der MANLEY-ROWE-Beziehungen.) Durch Einsetzen von Gl. (2.11) in Gl. (2.13) erhalten wir die Relation

$$M = \sum_{\substack{r,s \\ (\omega_{rs}>0)}} \left(r\,\frac{V_{rs}}{\omega_{rs}} + r\,\frac{V_{-r,-s}}{\omega_{rs}}\right) \tag{2.14}$$

oder, wenn wir hier im zweiten Summanden der runden Klammer neue Summationsindizes $r' = -r$ und $s' = -s$ einführen und von Gl. (2.10) Gebrauch machen,

$$M = \sum_{\substack{r,s \\ (\omega_{rs}>0)}} r \frac{V_{rs}}{\omega_{rs}} + \sum_{\substack{r',s' \\ (\omega_{r's'}<0)}} r' \frac{V_{r's'}}{\omega_{r's'}} = \sum_{r,s} r \frac{V_{rs}}{\omega_{rs}}, \qquad (2.15)$$

wobei die Indizes r und s in der letzten Summe keiner Einschränkung mehr unterliegen. (Bei der Zusammenfassung der beiden Teilsummen zu einer Gesamtsumme wurde noch beachtet, daß der den Indizes $r = 0$ und $s = 0$ entsprechende Beitrag zur letzteren verschwindet, da die Größe V_{rs}/ω_{rs} nach Gl. (2.12) stets endlich ist, so daß die Multiplikation mit $r = 0$ den Wert Null ergibt.)

Setzen wir in Gl. (2.15) den expliziten Ausdruck (2.12) für V_{rs} ein, so entsteht

$$M = -i \sum_{r,s} r\, \boldsymbol{E}(\omega_{rs})\, \boldsymbol{P}(-\omega_{rs}). \qquad (2.16)$$

Die FOURIER-Komponenten $P_\mu(-\omega_{rs})$ entnehmen wir Gl. (2.6) mit dem Ergebnis

$$P_\mu(-\omega_{rs}) = P_\mu(\omega_{-r,-s}) = \sum_{\substack{\mu',\mu'' \\ m',n' \\ m'',n''}} \chi_{\mu\mu'\mu''}(\omega_{-r,-s};\, \omega_{-m'n'}, \omega_{m''n''})$$
$$\times E_{\mu'}(\omega_{m'n'})\, E_{\mu''}(\omega_{m''n''})$$
$$\times \delta(m' + m'', -r)\; \delta(n' + n'', -s) \qquad (2.17)$$

oder

$$P_\mu(-\omega_{rs}) = \sum_{\substack{\mu',\mu'' \\ m',n' \\ m'',n''}} \chi_{\mu\mu'\mu''}(-\omega_{rs};\, \omega_{m'n'}, \omega_{m''n''})\, E_{\mu'}(\omega_{m'n'})$$
$$\times E_{\mu''}(\omega_{m''n''})\, \delta(m' + m'' + r, 0)\, \delta(n' + n'' + s, 0). \qquad (2.18)$$

Damit lautet die Größe M nach Gl. (2.16) explizit

$$M = -i \sum_{\substack{\mu,\mu',\mu'' \\ m',n' \\ m'',n'' \\ r,s}} r\, \chi_{\mu\mu'\mu''}(-\omega_{rs};\, \omega_{m'n'},\, \omega_{m''n''})\, E_\mu(\omega_{rs})\, E_{\mu'}(\omega_{m'n'}) \times E_{\mu''}(\omega_{m''n''})\, \delta(m' + m'' + r, 0)\, \delta(n' + n'' + s, 0)\,. \tag{2.19}$$

Wir machen nun Gebrauch von der Willkür in der Bezeichnung der Summationsindizes, indem wir folgende Umbenennung vornehmen

$$\mu,\, r,\, s \leftrightarrow \mu',\, m',\, n'. \tag{2.20}$$

Gl. (2.19) geht dann über in

$$M = -i \sum_{\substack{\mu,\mu',\mu'' \\ m',n' \\ m'',n'' \\ r,s}} m'\, \chi_{\mu'\mu\mu''}(-\omega_{m'n'};\, \omega_{rs},\, \omega_{m''n''})\, E_{\mu'}(\omega_{m'n'})\, E_\mu(\omega_{rs}) \times E_{\mu''}(\omega_{m''n''})\, \delta(m' + m'' + r, 0)\, \delta(n' + n'' + s, 0)\,. \tag{2.21}$$

Mit Hilfe der Symmetriebeziehung (6.20), Kapitel 1, können wir den Ausdruck (2.21) umformen in

$$M = -i \sum_{\substack{\mu,\mu',\mu'' \\ m',n' \\ m'',n'' \\ r,s}} m'\, \chi_{\mu\mu'\mu''}(-\omega_{rs};\, \omega_{m'n'},\, \omega_{m''n''})\, E_\mu(\omega_{rs})\, E_{\mu'}(\omega_{m'n'}) \times E_{\mu''}(\omega_{m''n''})\, \delta(m' + m'' + r, 0)\, \delta(n' + n'' + s, 0)\,, \tag{2.22}$$

d. h., wir erhalten eine Summe, die sich von (2.19) nur durch die Ersetzung des Faktors r durch m' unterscheidet.

Genauso kann man zeigen, daß an Stelle des Faktors r auch m'' geschrieben werden kann (man braucht dazu nur die Summationsindizes μ, r, s in Gl. (2.19) in μ'', m'', n'' und umgekehrt umzubenennen sowie die Symmetrierelation (6.21), Kapitel 1, zu verwenden). Es gilt also auch

$$M = -i \sum_{\substack{\mu,\mu',\mu'' \\ m',n' \\ m'',n'' \\ r,s}} m'' \chi_{\mu\mu'\mu''}(-\omega_{rs}; \omega_{m'n'}, \omega_{m''n''}) E_\mu(\omega_{rs}) E_{\mu'}(\omega_{m'n'}) \times E_{\mu''}(\omega_{m''n''}) \, \delta(m' + m'' + r, 0) \, \delta(n' + n'' + s, 0). \tag{2.23}$$

Die Addition der drei Gleichungen (2.19), (2.22) und (2.23) liefert dann die gewünschte Aussage

$$M = -\frac{i}{3} \sum_{\substack{\mu,\mu',\mu'' \\ m',n' \\ m'',n'' \\ r,s}} (r + m' + m'') \, \chi_{\mu\mu'\mu''}(-\omega_{rs}; \omega_{m'n'}, \omega_{m''n''}) \times E_\mu(\omega_{rs}) E_{\mu'}(\omega_{m'n'}) E_{\mu''}(\omega_{m''n''}) \, \delta(m' + m'' + r, 0) \times \delta(n' + n'' + s, 0) = 0, \tag{2.24}$$

da das Produkt $(r + m' + m'') \, \delta(m' + m'' + r, 0)$ generell verschwindet. Entsprechend der Definition von M (Gl. (2.13)) lautet die letzte Gleichung explizit

$$\sum_{\substack{r,s \\ (\omega_{rs} > 0)}} r \frac{\bar{L}(\omega_{rs})}{\omega_{rs}} = 0. \tag{2.25}$$

In ganz ähnlicher Weise beweist man das Bestehen der Gleichung

$$\sum_{\substack{r,s \\ (\omega_{rs} > 0)}} s \frac{\bar{L}(\omega_{rs})}{\omega_{rs}} = 0. \tag{2.26}$$

(Die Indizes r und s spielen ja offenbar eine analoge Rolle.) Wir weisen noch darauf hin, daß die Relationen (2.25) und (2.26) auch im Fall von Nichtlinearitäten höherer (als quadratischer) Ordnung gültig bleiben, da ja auch dann die für ihre Herleitung grundlegenden Permutationssymmetrien des Suszeptibilitätstensors zur Verfügung stehen.

Gln. (2.25) und (2.26) repräsentieren nun die sogenannten MANLEY-ROWE-Beziehungen. Bevor wir ihren physikalischen Gehalt diskutieren, wollen wir zunächst zeigen, daß sie den (lokalen) Energieerhaltungssatz implizieren. (Sie selbst beinhalten aber mehr als diesen naheliegenden Erhaltungssatz!) Multiplizieren wir Gl. (2.25) mit ω_1, Gl. (2.26) mit ω_2 und addieren die so entstehenden Gleichungen, so finden wir unter Beachtung der Definition (2.1) die gewünschte Relation

$$\sum_{\substack{r,s\\(\omega_{rs}>0)}} (r\omega_1 + s\omega_2)\,\frac{\bar{L}(\omega_{rs})}{\omega_{rs}} = \sum_{\substack{r,s\\(\omega_{rs}>0)}} \bar{L}(\omega_{rs}) = 0\,, \quad (2.27)$$

die also zum Ausdruck bringt, daß die algebraische Summe aller Leistungen verschwindet. Das bedeutet, die bei gewissen Frequenzen vom Feld an der Materie geleistete Arbeit (pro sec) wird in summa kompensiert durch die Arbeit, welche die Polarisation bei anderen Frequenzen am Feld leistet, m. a. W., es findet bei gewissen Frequenzen Absorption, bei anderen dagegen Verstärkung der Strahlung statt, und zwar in der Weise, daß insgesamt Energie von einem System von Frequenzen auf ein anderes übertragen wird, also keine Energie verlorengeht (was verständlich ist, da unsere Rechnung mit einem reellen Suszeptibilitätstensor ja gerade dem Fall entspricht, daß sich das Medium — wegen fehlender Resonanz — nicht am Energieaustausch beteiligt).

Welche physikalische Bedeutung kommt nun den MANLEY-ROWE-Beziehungen zu? Es erscheint zunächst aus Dimensionsgründen sinnvoll, Gln. (2.25) und (2.26) durch eine Konstante α von der Dimension „Energie mal Zeit" zu dividieren. (Der Quantentheoretiker denkt hier an die Größe $\hbar$, wir wollen aber im Rahmen einer klassischen Theorie bleiben und lassen den konkreten Zahlenwert von α offen.) Wir erhalten so die Relationen

$$\sum_{\substack{r,s \\ (\omega_{rs}>0)}} r \frac{\bar{L}(\omega_{rs})}{\alpha \omega_{rs}} = 0 \tag{2.28}$$

und

$$\sum_{\substack{r,s \\ (\omega_{rs}>0)}} s \frac{\bar{L}(\omega_{rs})}{\alpha \omega_{rs}} = 0 . \tag{2.29}$$

Die Größen $\alpha \omega_{rs}$ repräsentieren dann dimensionsmäßig eine Energie, und die Division der Leistungsdichte $\bar{L}(\omega_{rs})$ durch $\alpha \omega_{rs}$ bedeutet somit, daß wir die Energie jeweils in Einheiten $\alpha \omega_{rs}$ zählen. Da die Leistungsdichten die Dimension Energie pro Volumen- und Zeiteinheit besitzen, hat man die Ausdrücke $\bar{L}(\omega_{rs})/(\alpha \omega_{rs})$ als zeitliche Änderung einer fiktiven Teilchenzahldichte ϱ_{rs} (Zahl der Energiepakete der Größe $\alpha \omega_{rs}$ pro cm³) zu interpretieren

$$\dot{\varrho}_{rs} \equiv \frac{\bar{L}(\omega_{rs})}{\alpha \omega_{rs}} . \tag{2.30}$$

Gln. (2.28) und (2.29) nehmen so die Form von zeitlichen, lokalen Erhaltungssätzen an:

$$\frac{\partial}{\partial t} \sum_{\substack{r,s \\ (\omega_{rs}>0)}} r \varrho_{rs} = 0 \tag{2.31}$$

und

$$\frac{\partial}{\partial t} \sum_{\substack{r,s \\ (\omega_{rs}>0)}} s \varrho_{rs} = 0 . \tag{2.32}$$

Interessant ist, daß die Gesamtsumme der Teilchenzahldichten ϱ_{rs} keine Konstante der Bewegung darstellt; vielmehr ergeben sich, wie die vorstehenden Gleichungen lehren, zwei (verschiedene) Erhaltungssätze erst dann, wenn man die Größe ϱ_{rs} jeweils mit dem Gewichtsfaktor r bzw. s multipliziert.

Dieser Sachverhalt wird verständlich, wenn wir auf Gl. (2.1) zurückgehen. Multiplizieren wir diese mit α, so entsteht die Relation

$$\alpha\,\omega_{rs} = r \cdot \alpha\,\omega_1 + s \cdot \alpha\,\omega_2\,, \tag{2.33}$$

die wir in Analogie zu einer Reaktionsgleichung für chemische Umwandlungen in der Weise deuten können, daß zur Neubildung eines Energiepakets $\alpha\,\omega_{rs}$ sowohl r Energieportionen $\alpha\,\omega_1$ als auch s Energieportionen $\alpha\,\omega_2$ benötigt werden, während umgekehrt bei Verschwinden eines Energiepakets $\alpha\,\omega_{rs}$ die genannten „Einzelportionen" „frei werden". (Damit soll jedoch nicht gesagt werden, daß die „freigesetzten" Energiepakete $\alpha\,\omega_1$, $\alpha\,\omega_2$ nur der Welle mit der Frequenz ω_1 bzw. ω_2 zugute kommen — also deren Intensität vergrößern —, vielmehr können diese „elementaren" Energiebeträge auch zu irgendwelchen neuen Paketen $\alpha\,\omega_{r's'}$ kombiniert werden und demzufolge bei anderen Kombinationsfrequenzen $\omega_{r's'}$ in Erscheinung treten. Umgekehrt brauchen die für die Entstehung eines Energiepakets $\alpha\,\omega_{rs}$ erforderlichen Energieportionen $\alpha\,\omega_1$ und $\alpha\,\omega_2$ nicht oder nicht nur von den Wellen mit der Frequenz ω_1 bzw. ω_2 geliefert zu werden.)

Bisher haben wir allerdings nur an nichtnegative Werte der Indizes r und s gedacht. Falls einer der Indizes, sagen wir s, negativ ist (was offenbar mit der Einschränkung $\omega_{rs} > 0$ in Gln. (2.31) und (2.32) verträglich ist), müssen wir so sagen: Bei der Erzeugung eines Energiepakets $\alpha\,\omega_{rs}$ werden r Energieportionen $\alpha\,\omega_1$ verbraucht, andererseits aber $|s|$ Energieportionen $\alpha\,\omega_2$ freigesetzt.

Die in der Form (2.31), (2.32) aufgeschriebenen Manley-Rowe-Beziehungen lassen sich nun leicht interpretieren. Offenbar besagen sie nichts anderes, als daß für die Energieportionen $\alpha\,\omega_1$ und $\alpha\,\omega_2$ jeweils ein separater Erhaltungssatz gilt, d. h., die Erzeugung und Vernichtung der zu den verschiedenen Frequenzen ω_{rs} gehörigen Energiepakete $\alpha\,\omega_{rs}$ verläuft unter der Nebenbedingung, daß sich die Zahl der dabei gemäß Gl. (2.33) im Spiel befindlichen elementaren Energiepakete $\alpha\omega_1$ bzw. $\alpha\omega_2$, jeweils für sich genommen, nicht ändert.

Die hier aus den MANLEY-ROWE-Beziehungen gefolgerte Konzeption der Energie„klümpchen" ist andererseits aus der Quantentheorie der Strahlung (auf die wir in Kapitel 5 näher zu sprechen kommen) wohl bekannt — die Energiepakete heißen dort Lichtquanten oder Photonen — und die oben gefundenen Erhaltungssätze (2.31) und (2.32) lassen sich leicht verstehen, wenn man sich die quantenmechanische Beschreibung des bei einer Frequenzumwandlung sich abspielenden Elementarvorgangs vor Augen hält. Letzterer ist ja — setzen wir voraus, daß der Prozeß in der dritten störungstheoretischen Ordnung abläuft, was der Annahme einer quadratischen Nichtlinearität entspricht — als ein 3-Photonen-Prozeß aufzufassen; es werden z. B. zwei Photonen der Frequenz ω_{r_1,s_1} bzw. ω_{r_2,s_2} vernichtet und ein Photon der Frequenz ω_{rs} mit $r = r_1 + r_2$ und $s = s_1 + s_2$ erzeugt. Da die Energie eines Photons der (Kreis-)Frequenz ω bekanntlich den Wert $\hbar\omega$ ($\hbar$ durch 2π geteilte PLANCKsche Konstante) besitzt, lautet die zugehörige Energiebilanz

$$\hbar\omega_{r_1,s_1} + \hbar\omega_{r_2,s_2} = \hbar\omega_{rs} \qquad (r = r_1 + r_2,\ s = s_1 + s_2). \tag{2.34}$$

Wie man sofort sieht, garantiert die vorstehende Relation — im Sinn einer chemischen Reaktionsgleichung gelesen — die Erhaltung der Zahl der elementaren Energieportionen $\hbar\omega_1$ bzw. $\hbar\omega_2$. Das gleiche gilt natürlich auch für den umgekehrten Prozeß, bei dem zwei Photonen i. a. verschiedener Frequenz vernichtet werden und dafür ein anderes Photon erzeugt wird. Da der bei Vorhandensein vieler Wellen unterschiedlicher Frequenz ω_{rs} ablaufende Gesamtprozeß aus lauter Elementarakten der geschilderten Art zusammengesetzt gedacht werden kann, haben also die genannten Erhaltungssätze allgemein Gültigkeit.[1]) Sie stimmen mit den MANLEY-ROWE-Beziehungen überein, allerdings unter der Voraussetzung, daß wir die in ihrem Zahlenwert nicht festgelegte Größe α mit $\hbar$ identifizieren.[2]) Die letzteren können somit als ein Hinweis auf die korpuskulare Struktur des elektromagnetischen Feldes aufgefaßt werden. Dies ist um so bemerkenswerter, als sie ja rein klassisch hergeleitet werden können. Sie ergeben sich, wie oben gezeigt wurde, als direkte Folge der Permutationssymmetrien des Suszeptibilitätstensors, die wiederum, wie in Abschn. 2.1 ausgeführt, dem Postulat der Existenz einer Dichte der Wechselwirkungsenergie zwischen Feld und nichtlinearem Medium (im Sinn einer Zustandsfunktion) äquivalent sind.

Wir wollen zum Schluß die MANLEY-ROWE-Beziehungen für ein einfaches Beispiel, nämlich die Summenfrequenzerzeugung aufschreiben. In unserem jetzigen Formalismus bedeutet dies, es ist die FOURIER-Komponente $\boldsymbol{E}(\omega_{rs})$ der elektrischen Feldstärke nur für folgende

---

[1]) Dieses Ergebnis ist nicht auf die dritte störungstheoretische Ordnung beschränkt; so werden in n-ter störungstheoretischer Ordnung bei einem Elementarprozeß n Photonen erzeugt bzw. vernichtet, der Energiesatz impliziert aber in jedem Fall die in Rede stehenden Erhaltungssätze.

[2]) Es wäre allerdings falsch zu sagen, die MANLEY-ROWE-Beziehungen seien nichts weiter als eine einfache und direkte Folge der Quantisierung des elektromagnetischen Feldes. Sie enthalten nämlich andererseits detailliertere Informationen, als sie das Photonen-Bild wiedergibt: Erstens tragen sie lokalen Charakter, wohingegen die räumliche Ausdehnung (monochromatischer) Photonen mit dem Normierungsvolumen zusammenfällt, das auf jeden Fall nicht kleiner als das Volumen des nichtlinearen Mediums ist. Zweitens kann man von Photonen — in dem Sinn, daß grundsätzlich eine scharfe Photonenzahl n vorliegt, die nur evtl. nicht genau bekannt ist, so daß man sich auf die Angabe einer Verteilungsfunktion $W(n)$ beschränken muß — nur dann sprechen, wenn die Phase der betreffenden Welle statistisch ist (s. Abschn. 5.3), d. h., das „eigentliche" quantenmechanische Photonen-Bild bezieht sich nicht auf den (klassischen) reinen Fall, daß Wellen verschiedener Frequenz mit jeweils definierter Phase und Amplitude vorliegen, sondern vielmehr auf ein statistisches „Gemisch" solcher Fälle, bei dem keine Werte der Phasen ausgezeichnet sind.

Indexkombinationen von Null verschieden

$$r, s = \begin{cases} 0, 1; & 1, 0; \quad 1, 1 \\ 0, -1; & -1, 0; \quad -1, -1. \end{cases} \tag{2.35}$$

Die Gln. (2.31) und (2.32) reduzieren sich dann auf

$$\dot{\varrho}_{10} + \dot{\varrho}_{11} = 0 \tag{2.36}$$

sowie

$$\dot{\varrho}_{01} + \dot{\varrho}_{11} = 0. \tag{2.37}$$

Daraus folgt

$$\dot{\varrho}_{10} = \dot{\varrho}_{01}, \tag{2.38}$$

und es kann geschrieben werden

$$\dot{\varrho}_{11} = -\frac{1}{2}\,(\dot{\varrho}_{10} + \dot{\varrho}_{01}). \tag{2.39}$$

Gl. (2.38) besagt, daß (pro Zeit- und Volumeneinheit) genausoviele Energiepakete der Frequenz ω_1 wie solche der Frequenz ω_2 vernichtet werden, und Gl. (2.39) lehrt, daß ein Energiepaket der Frequenz ω_1 mit einem Energiepaket der Frequenz ω_2 zusammen erst *ein* Energiepaket der Summenfrequenz $\omega_1 + \omega_2$ ergibt.

An diesem Beispiel wird die praktische Rolle der MANLEY-ROWE-Beziehungen völlig deutlich: Sie geben an, in welchen Anteilen die beiden mit den Grundfrequenzen ω_1, ω_2 schwingenden Wellen ihre Energie zur Verstärkung der mit der Summenfrequenz oszillierenden Welle beisteuern. Diese Aussage geht offenbar über den Energiesatz hinaus, der sich auf die summarische Forderung beschränkt, daß ein Energiezuwachs bei der Summenfrequenz durch Energiezulieferung seitens der anderen beiden Wellen gedeckt werden muß.

In den bisherigen Untersuchungen haben wir die elektromagnetischen Felder als vorgegeben betrachtet, es verbleibt das Problem einer raumzeitlichen Beschreibung der Entstehung von Wellen mit neuen Frequenzen. Bevor wir uns damit eingehender beschäftigen, wollen wir uns an Hand der in Kapitel 1 erhaltenen Ergebnisse ein Bild davon machen, welche nichtlinearen Prozesse — je nach den Versuchsbedingungen — auftreten können.

3. Überblick über die wichtigsten nichtlinearen Effekte

3.1. Der Pockels-Effekt

Wir gehen aus von Gl. (6.17), Kapitel 1, die allgemein — für ein quadratisch nichtlineares Medium — den Zusammenhang zwischen den elektrischen Feldstärken der Partialwellen und der Polarisation des Mediums zum Ausdruck bringt. Wir machen dabei von dieser Gleichung einen allgemeineren Gebrauch, als ihrer Herleitung entspricht, indem wir auch andere Mechanismen als die in Abschn. 1.4 ausführlich diskutierte Induzierung eines nichtlinearen Dipolmoments an den Einzelatomen als Ursache für das Auftreten einer nichtlinearen Polarisation in Betracht ziehen, so z. B. — im Fall des Kerr-Effekts in Flüssigkeiten — eine teilweise Orientierung von anisotropen Molekülen durch das äußere Feld, die zu einer Doppelbrechung Anlaß gibt. (S. hierzu [55].)

Als erstes untersuchen wir die Wirkung eines statischen elektrischen Feldes auf einen optisch nichtlinearen Kristall. Wir denken uns also ein derartiges Feld angelegt und darüber hinaus eine Welle der Frequenz ω eingestrahlt, welche die Rolle einer „Sonde“ spielen soll. Die möglichen Frequenzwerte sind dann in unserem Formalismus durch 0, ω und $-\omega$ gegeben, wobei noch zu beachten ist, daß der Frequenzwert Null aus Stetigkeitsgründen doppelt zu zählen ist (vgl. das im Anschluß an Gl. (3.12), Kapitel 1, Gesagte). Wir greifen den Anteil der Polarisation heraus, der mit der Frequenz der einfallenden Welle oszilliert, also nach Gl. (6.17), Kapitel 1, wenn wir die FOURIER-Komponente $\boldsymbol{E}(\boldsymbol{r};\omega=0)=\boldsymbol{E}(\boldsymbol{r};0)$ gleich reell wählen, den Term

$$P_\mu(\boldsymbol{r},t)=4\sum_{\mu',\mu''}\chi_{\mu\mu'\mu''}(\omega;\omega,0)\,E_{\mu'}(\boldsymbol{r};\omega)\,E_{\mu''}(\boldsymbol{r};0)\,e^{i\omega t}+\text{Konj. Kompl.} \tag{1.1}$$

(Der Faktor 4 rührt von der Zusammenfassung der zu den — jeweils doppelt zu zählenden! — Frequenzkombinationen $\omega, 0$ und $0, \omega$ gehörigen Beiträge in Gl. (6.17), Kapitel 1, her, die wegen der Permutationssymmetrie des Suszeptibilitätstensors hinsichtlich der letzten beiden Indexpaare einander gleich sind.) Bei reellem χ-Tensor können wir statt Gl. (1.1) auch schreiben

$$P_\mu(\boldsymbol{r},t)=2\sum_{\mu',\mu''}\chi_{\mu\mu'\mu''}(\omega;\omega,0)\,E_{\mu'}(\boldsymbol{r},t)\,E_{\mu''}^{\text{stat}} \tag{1.2}$$

mit

$$\boldsymbol{E}(\boldsymbol{r},t)=\boldsymbol{E}(\boldsymbol{r};\omega)\,e^{i\omega t}+\boldsymbol{E}(\boldsymbol{r};-\omega)\,e^{-i\omega t} \tag{1.3}$$

als elektrischer Feldstärke der einfallenden Lichtwelle (s. Gl. (3.12), Kapitel 1) und

$$\boldsymbol{E}^{\text{stat}}=2\boldsymbol{E}(\boldsymbol{r};0) \tag{1.4}$$

als der Feldstärke des statischen elektrischen Feldes.

Vergleicht man Gl. (1.2) mit dem Ausdruck für die lineare Polarisation des Mediums, die — in Verallgemeinerung von Gl. (6.13), Kapitel 1, auf den Fall eines anisotropen Mediums — in der Form

$$P_\mu^{\text{lin}}(\boldsymbol{r},t)=\frac{1}{4\pi}\sum_{\mu'}(\varepsilon_{\mu\mu'}-\delta_{\mu\mu'})\,E_{\mu'}(\boldsymbol{r},t) \tag{1.5}$$

($\delta_{\mu\mu'}$ KRONECKER-Symbol) dargestellt werden kann, so erkennt man, daß das Ergebnis (1.2) als eine Änderung des ε-Tensors um den Wert

$$\Delta\varepsilon_{\mu\mu'}=8\pi\sum_{\mu''}\chi_{\mu\mu'\mu''}(\omega;\omega,0)\,E_{\mu''}^{\text{stat}} \tag{1.6}$$

interpretiert werden kann. Wegen des bekannten Zusammenhangs (s. z. B. [57])

$$n_i = \sqrt{\varepsilon_i} \qquad (i = 1, 2, 3) \tag{1.7}$$

zwischen den Hauptbrechungsindizes n_i und den Hauptdielektrizitätskonstanten ε_i (den Diagonalelementen des auf Hauptachsen transformierten ε-Tensors) können wir auch sagen, das statische elektrische Feld gibt Anlaß zu einer Änderung des Brechungsindex. Dieser Sachverhalt ist als linearer optischer Effekt oder POCKELS-Effekt seit langem bekannt. (Das Adjektiv „linear" bezieht sich dabei auf die statische elektrische Feldstärke.)

Von der Meßtechnik her liegt es nahe, an Stelle des ε-Tensors eher den inversen Tensor ε^{-1} zu betrachten. (Letzterer wird ja bekanntlich geometrisch durch das Indexellipsoid repräsentiert, dessen Hauptachsen die Hauptbrechungsindizes angeben.) Wir rechnen daher noch die Änderung von ε auf die von ε^{-1} um.

Ausgehend von der Definitionsgleichung für den inversen Tensor

$$\sum_\beta \varepsilon_{\alpha\beta} (\varepsilon^{-1})_{\beta\gamma} = \delta_{\alpha\gamma} \tag{1.8}$$

erhalten wir (in linearer Näherung) den folgenden Zusammenhang zwischen den Änderungen $\Delta\,\varepsilon$ und $\Delta\,(\varepsilon^{-1})$

$$\sum_\beta \Delta\,\varepsilon_{\alpha\beta} (\varepsilon^{-1})_{\beta\gamma} + \sum_\beta \varepsilon_{\alpha\beta}\, \Delta\,(\varepsilon^{-1})_{\beta\gamma} = 0\,. \tag{1.9}$$

Multiplizieren wir diese Beziehung mit $(\varepsilon^{-1})_{\sigma\alpha}$ und summieren zusätzlich über α, so entsteht

$$\Delta\,(\varepsilon^{-1})_{\sigma\gamma} = -\sum_{\alpha,\beta} (\varepsilon^{-1})_{\sigma\alpha}\, \Delta\,\varepsilon_{\alpha\beta} (\varepsilon^{-1})_{\beta\gamma} \tag{1.10}$$

oder, wenn wir die Hauptachsen des Indexellipsoids als Basis verwenden,

$$\Delta\,(\varepsilon^{-1})_{\sigma\gamma} = -\frac{1}{\varepsilon_{\sigma\sigma}\varepsilon_{\gamma\gamma}}\, \Delta\,\varepsilon_{\sigma\gamma}\,. \tag{1.11}$$

Setzen wir hier für $\Delta\varepsilon$ den oben gefundenen Wert (1.6) ein, so gelangen wir schließlich zu folgendem Resultat

$$\Delta(\varepsilon^{-1})_{\sigma\gamma} = \sum_\beta Z_{\sigma\gamma\beta} E_\beta^{\text{stat}}, \tag{1.12}$$

wobei die Größen $Z_{\sigma\gamma\beta}$, die sogenannten elektrooptischen Koeffizienten, explizit lauten

$$Z_{\sigma\gamma\beta} = -\frac{8\pi}{\varepsilon_{\sigma\sigma}(\omega)\,\varepsilon_{\gamma\gamma}(\omega)}\,\chi_{\sigma\gamma\beta}(\omega;\omega,0). \tag{1.13}$$

Es läßt sich leicht zeigen, daß die Permutationssymmetrie des χ-Tensors hinsichtlich der ersten beiden Indexpaare eine Symmetrieeigenschaft der elektrooptischen Koeffizienten impliziert. In der Tat ergibt sich aus der Relation

$$\begin{aligned}\chi_{\sigma\gamma\beta}(\omega;\omega,0) &= \chi_{\gamma\sigma\beta}(-\omega;-\omega,0)\\ &= \chi_{\gamma\sigma\beta}(\omega;\omega,0)\end{aligned} \tag{1.14}$$

(wobei das zweite Gleichheitszeichen auf Grund der vorausgesetzten Realität des Suszeptibilitätstensors gilt; s. Gl. (6.22), Kapitel 1) sofort die Symmetriebeziehung

$$Z_{\sigma\gamma\beta} = Z_{\gamma\sigma\beta}, \tag{1.15}$$

die nach Gl. (1.12) zur Folge hat, daß $\Delta(\varepsilon^{-1})$ — und damit auch $\Delta\varepsilon$ — ein symmetrischer Tensor ist. Der ε-Tensor bleibt somit, wie nicht anders zu erwarten, auch unter dem Einfluß eines statischen elektrischen Feldes symmetrisch.

3.2. Optische Gleichrichtung

Wir betrachten den Fall, daß eine einzige Lichtwelle der Frequenz ω in ein nichtlineares Medium eingestrahlt wird. Die dabei auftretende Polarisation des Mediums besteht dann aus zwei Anteilen, einem statischen und einem mit der doppelten Frequenz 2ω schwingenden. Wir diskutieren zunächst den statischen Effekt. Nach Gl.

(6.17), Kapitel 1, lautet der zeitunabhängige Polarisationsterm

$$P_\mu^{\text{stat}} = 2 \sum_{\mu',\mu''} \chi_{\mu\mu'\mu''}(0; \omega, -\omega)\, E_{\mu'}(\boldsymbol{r}; \omega)\, E_{\mu''}(\boldsymbol{r}; -\omega) + \text{Konj. Kompl.} \quad (2.1)$$

Für eine laufende ebene Welle hängt P_μ^{stat} offenbar auch vom Ort nicht ab; das einfallende Licht erzeugt also eine statische, räumlich homogene Polarisation, die ihrerseits wieder ein statisches elektrisches Feld hervorruft. Man spricht daher von optischer Gleichrichtung (englisch „optical rectification").

Denken wir speziell an einen optisch einachsigen, senkrecht zur optischen Achse geschnittenen Kristall vom Typ des KDP, der senkrecht zur Achsenrichtung (die wir mit der z-Richtung identifizieren) von einem ordentlichen Strahl[1]) durchsetzt wird, so lautet nach Gl. (2.1) die statische Polarisation im vorliegenden Fall einer linear polarisierten Welle (das Produkt $E_{\mu'}(\boldsymbol{r}; \omega)\, E_{\mu''}(\boldsymbol{r}; -\omega) = E_{\mu'}(\boldsymbol{r}; \omega)\, E^*_{\mu''}(\boldsymbol{r}; \omega)$ ist dann reell)

$$P_z^{\text{stat}} = 4\chi_{zxy}(0; \omega, -\omega)\, E_x(\boldsymbol{r}; \omega)\, E_y{}^*(\boldsymbol{r}; \omega) + 4\chi_{zyx}(0; \omega, -\omega)\, E_y(\boldsymbol{r}; \omega)\, E_x{}^*(\boldsymbol{r}; \omega). \quad (2.2)$$

Dabei wurde beachtet, daß für einen Kristall, der die räumliche Symmetrie von KDP besitzt, nur solche Komponenten des Suszeptibilitätstensors von Null verschieden sind, die sich in sämtlichen drei Indizes unterscheiden (s. Abschn. *1.8*). Bezeichnen wir mit θ den Winkel zwischen der Ausbreitungsrichtung der Welle und der x-Achse (s. Abb. 1), schreiben also

$$E_x(\boldsymbol{r}; \omega) = -\frac{E}{\sqrt{2}}\, e^{-i(\boldsymbol{kr}+\varphi)} \sin\theta, \qquad E_y(\boldsymbol{r}; \omega) = \frac{E}{\sqrt{2}}\, e^{-i(\boldsymbol{kr}+\varphi)} \cos\theta \qquad (E > 0) \quad (2.3)$$

---

[1]) Der $\boldsymbol{E}$-Vektor liegt in diesem Fall in der x,y-Ebene.

(die Normierung wurde dabei so gewählt, daß E^2 die Bedeutung des zeitlich gemittelten Quadrats der elektrischen Feldstärke hat), und machen Gebrauch von der

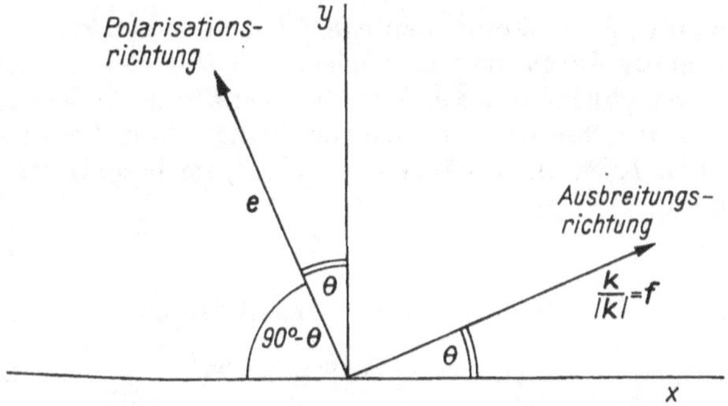

Abb. 1. Ausbreitungs- und Polarisationsrichtung einer senkrecht zur optischen Achse (= z-Achse) eingestrahlten ordentlichen Welle.

Permutationssymmetrie sowie der Realität des χ-Tensors, so erhalten wir aus (2.2) den folgenden Ausdruck

$$
\begin{aligned}
P_z^{\text{stat}} &= -4\chi_{zxy}(0;\,\omega,\,-\omega)\,E^2 \sin\theta\cos\theta \\
&= -2\chi_{zxy}\,(0;\,\omega,\,-\omega)\,E^2 \sin 2\theta\,. \qquad (2.4)
\end{aligned}
$$

Offenbar ist die Polarisation am größten für $\theta = \pi/4$, also für den Fall, daß die Strahlrichtung den Winkel zwischen der x- und der y-Achse halbiert. (Man beachte, daß die Lage der letztgenannten Achsen durch die Kristallsymmetrie festgelegt ist — nur bei der in Abschn. 1.8 geschilderten Wahl des Koordinatensystems verschwinden die Komponenten des χ-Tensors vom Typ χ_{xxx}, χ_{xxy} usf.! —, erst bei Beschränkung auf die lineare Polarisation liegt Rotationssymmetrie bezüglich der z-Achse vor.)

Die berechnete Polarisation gibt auf Grund der MAXWELLschen Gleichungen Anlaß zu einem statischen elektrischen Feld im nichtlinearen Medium. Bekanntlich gilt bei Fehlen von wahren Ladungen

$$\operatorname{div} \boldsymbol{D} = 0, \tag{2.5}$$

d. h., die Normalkomponente des Verschiebungsvektors $\boldsymbol{D}$ geht stetig durch die Oberfläche $z =$ const des Kristalls. Nun verschwindet das elektrische Feld $\boldsymbol{E}^{(a)}$ im Außenraum (wenn sich, wie wir voraussetzen, keine echten Ladungen auf den Kristalloberflächen befinden), im besonderen ist also

$$D_z^{(a)} = 0. \tag{2.6}$$

Andererseits gilt für das Innere des Kristalls

$$D_z^{(i)} = \varepsilon_{zz} E_z^{(i)} + 4\pi P_z \tag{2.7}$$

(s. Gl. (1.4), Kapitel 4), wegen der obengenannten Stetigkeitsbedingung für D_z muß also die elektrische Feldstärke innerhalb des Kristalls den Wert

$$E_z^{(i)} = -\frac{4\pi}{\varepsilon_{zz}} P_z \tag{2.8}$$

oder, nach Gl. (2.4),

$$E_z^{(i)} = \frac{8\pi}{\varepsilon_{zz}} \chi_{zxy}(0; \omega, -\omega) E^2 \sin 2\theta \tag{2.9}$$

annehmen.

Der Effekt der optischen Gleichrichtung bietet sich zur Messung der Intensität von Lichtstrahlen hoher Energiedichte (Laserblitzen) an; offenbar kann so die Bestimmung der Intensität einer hochfrequenten Welle auf die Messung einer statischen elektrischen Feldstärke zurückgeführt werden.

Wir weisen noch darauf hin, daß die Symmetrieeigenschaften des Suszeptibilitätstensors hinsichtlich Permutationen einen Zusammenhang zwischen dem Pockels-Effekt und dem Effekt der optischen Gleichrichtung herstellen; in der Tat bedeutet ja die Symmetriebeziehung

$$\chi_{\mu\mu'\mu''}(0; \omega, -\omega) = \chi_{\mu''\mu'\mu}(\omega; \omega, 0), \qquad (2.10)$$

vergleicht man die Relationen (2.1) bzw. (2.9) und (1.13), eine direkte mathematische Verknüpfung zwischen für die optische Gleichrichtung charakteristischen Koeffizienten und den elektrooptischen Koeffizienten, die auch experimentell nachgeprüft wurde (s. [5, 62]).

3.3. Erzeugung der Summen- und Differenzfrequenz

Nach der Diskussion statischer nichtlinearer Effekte wollen wir kurz auf die dynamischen Vorgänge der Frequenzumwandlung zu sprechen kommen. Wie aus Gl. (6.17), Kapitel 1, unmittelbar zu ersehen ist, erfolgt im Fall eines quadratisch nichtlinearen Mediums die zeitliche Änderung der induzierten Polarisation, allgemein gesagt, mit den Kombinationsfrequenzen $\omega' + \omega''$; denken wir uns zwei Frequenzen ω_1 und ω_2 eingestrahlt, so erhält die Polarisation einen Anteil, der mit der Summenfrequenz $\omega_3 = \omega_1 + \omega_2$ oszilliert; darüber hinaus gibt es einen mit der Differenzfrequenz $|\omega_2 - \omega_1|$ schwingenden Beitrag zur Polarisation. Da die Polarisation die Rolle einer Quelle für das elektromagnetische Feld spielt (Näheres s. Abschn. 4.1), kommt es somit unter günstigen Bedingungen zur (makroskopischen) Erzeugung von Summen- und Differenzfrequenzen. (Ein Sonderfall der Summenfrequenzbildung ist die Frequenzverdopplung, i. e. die Erzeugung der zweiten Harmonischen.) Wir wollen im folgenden erläutern, was unter den erwähnten Bedingungen zu verstehen ist.

Zu diesem Zweck schreiben wir beispielsweise den zur Summenfrequenz $\omega_3 = \omega_1 + \omega_2$ gehörigen Polarisationsterm auf; dieser lautet gemäß Gl. (6.17), Kapitel 1, wenn wir die Abhängigkeit der elektrischen Feldstärke vom Ort und der (konstanten) Phase explizit zum Ausdruck bringen,

$$P_\mu(\boldsymbol{r}, t) = 2 \sum_{\mu',\mu''} \chi_{\mu\mu'\mu''}(\omega_3; \omega_1, \omega_2)\, E_{\mu'}(\omega_1)\, E_{\mu''}(\omega_2)$$
$$\times\, e^{-i(\boldsymbol{k}_1+\boldsymbol{k}_2)\boldsymbol{r}}\, e^{-i(\varphi_1+\varphi_2)}\, e^{i\omega_3 t} \quad + \text{Konj. Kompl.} \qquad (3.1)$$

Die vorstehende Gleichung lehrt, daß die räumliche Ausbreitung der Polarisationswelle mit dem Wellenzahlvektor $\boldsymbol{k}_1 + \boldsymbol{k}_2$ erfolgt, andererseits ist aber der Wellenzahlvektor $\boldsymbol{k}_3$ einer mit der Frequenz ω_3 oszillierenden Welle im allgemeinen von $\boldsymbol{k}_1 + \boldsymbol{k}_2$ verschieden. Das hat zur Folge, daß sich die für den Energieaustausch zwischen Polarisation und Lichtwelle gemäß Gl. (2.7), Kapitel 2, entscheidende Phasenbeziehung zwischen der Polarisation und der elektrischen Feldstärke von Ort zu Ort ändert; dementsprechend wird an einer Stelle des Kristalls Energie auf die Lichtwelle der Frequenz ω_3 übertragen, an einer anderen Stelle wird dieser Welle aber umgekehrt wieder Energie entzogen, so daß in summa keine Verstärkung bei der Frequenz ω_3 stattfindet und somit auch keine Erzeugung der Summenfrequenz ω_3 möglich ist. Quantitativ läßt sich der geschilderte Effekt an Hand des über das Kristallvolumen V erstreckten Integrals

$$F(\Delta \boldsymbol{k}) \equiv \frac{1}{V} \int_V e^{i\Delta \boldsymbol{k}\boldsymbol{r}}\, \mathrm{d}^3\boldsymbol{r} \qquad (3.2)$$

mit

$$\Delta \boldsymbol{k} = \boldsymbol{k}_3 - (\boldsymbol{k}_1 + \boldsymbol{k}_2) \qquad (3.3)$$

diskutieren, das als Faktor auftritt, wenn man die über das Volumen des aktiven Mediums gemittelte Leistung der Lichtwelle (der Frequenz ω_3) an der Polarisation berechnet. Offenbar kann eine Verstärkung — oder auch, je nach dem Wert der relativen Phase $\Delta\varphi = \varphi_3 - (\varphi_1 + \varphi_2)$, eine Schwächung! — der Lichtwelle nur dann stattfinden, wenn die Größe $F(\Delta \boldsymbol{k})$ merklich von Null verschieden ist, und dies wiederum ist nur dann der Fall, wenn die Relation

$$\Delta \boldsymbol{k} \equiv \boldsymbol{k}_3 - (\boldsymbol{k}_1 + \boldsymbol{k}_2) = 0\,, \tag{3.4}$$

die sogenannte Phasenanpassungs-(„phase matching"-) Bedingung — zumindest näherungsweise — erfüllt ist. Spezialisieren wir uns auf den Fall, daß alle drei Wellenzahlvektoren in z-Richtung liegen (kollineare Wechselwirkung), so nimmt $F(\Delta \boldsymbol{k})$ die einfache Form

$$F(\Delta k_z) = \frac{1}{l} \int\limits_{-\frac{l}{2}}^{\frac{l}{2}} e^{i\Delta k_z z}\, \mathrm{d}z = \frac{2}{\Delta k_z l} \sin \Delta k_z \frac{l}{2} \tag{3.5}$$

an, wobei l die Kristallänge in der Durchstrahlungsrichtung angibt. Gl. (3.5) lehrt, daß eine Verletzung der Phasenanpassungsbedingung um einen Wert

$$\Delta k_z \ll \frac{2}{l} \tag{3.6}$$

zulässig ist.

Wir wollen uns nun am Beispiel der Harmonischenerzeugung ($\omega_3 = 2\omega_1$) überlegen, in welcher Weise sich die Phasenanpassung konkret verwirklichen läßt. Gl. (3.4) lautet dann, wenn wir die Grundwelle durch den Index $j = 1$, die Harmonische durch $j = 2$ kennzeichnen,

$$\boldsymbol{k}_2 - 2\boldsymbol{k}_1 = 0\,, \tag{3.7}$$

die Wellenzahlvektoren $\boldsymbol{k}_1$ und $\boldsymbol{k}_2$ für die Grundwelle bzw. die Harmonische müssen also jedenfalls gleich gerichtet sein. Darüber hinaus impliziert Gl. (3.7) wegen der bekannten Beziehung (s. z. B. [57])

$$\boldsymbol{k} = \frac{\omega}{u} \boldsymbol{f} \tag{3.8}$$

mit $\boldsymbol{f} = \boldsymbol{k}/|\boldsymbol{k}|$ als Einheitsvektor in $\boldsymbol{k}$-Richtung und u als Phasengeschwindigkeit (die im Fall eines anisotropen Mediums außer von der Frequenz ω auch von der Richtung $\boldsymbol{f}$ abhängt) die Forderung

$$\frac{2\,\omega_1}{u(\omega_1, \boldsymbol{f})} = \frac{\omega_2}{u(\omega_2, \boldsymbol{f})} \tag{3.9}$$

oder, da $\omega_2 = 2\,\omega_1$ gilt,

$$u(\omega_1, \boldsymbol{f}) = u(\omega_2, \boldsymbol{f}). \tag{3.10}$$

Die Phasenanpassung bedeutet hier also nichts anderes als die Übereinstimmung von Grundwelle und Harmonischer hinsichtlich ihrer Phasengeschwindigkeit.

Wegen des bekannten Zusammenhangs zwischen Phasengeschwindigkeit u und Brechungsindex n

$$u = \frac{c}{n} \tag{3.11}$$

ist Gl. (3.10) äquivalent mit

$$n(\omega_1, \boldsymbol{f}) = n(\omega_2, \boldsymbol{f}). \tag{3.12}$$

Diese Bedingung kann man geometrisch diskutieren, indem man den Brechungsindex von einem Zentrum aus in der jeweiligen Richtung $\boldsymbol{f}$ aufträgt. Bei einem optisch einachsigen Kristall, mit dem man es in praxi meist zu tun hat, zerfällt die so (für einen festen Wert der Frequenz) entstehende Indexfläche bekanntlich (s. z. B. [59]) in ein Rotationsellipsoid (mit der optischen Achse als Symmetrieachse) und eine Kugel, wobei sich diese beiden Teilflächen auf der optischen Achse berühren (s. Abb. 2). Gl. (3.12) kann bei einem geeigneten (negativ einachsigen) Kristall in der Weise befriedigt werden, daß sich das zur Frequenz $\omega_2 = 2\,\omega_1$ gehörige Rotationsellipsoid und die auf die Frequenz ω_1 bezügliche Kugel durchdringen, wie in Abb. 2 im Querschnitt dargestellt; die Schnittkurve definiert dann die ausgezeichneten Ausbreitungsrichtungen, bei denen Phasenanpassung vorliegt. Wegen der Rotationssymmetrie der sich schneidenden Flächen bilden diese Richtungen insgesamt den Mantel eines Doppelkegels. (Man erkennt, daß — wegen der stets vorhandenen

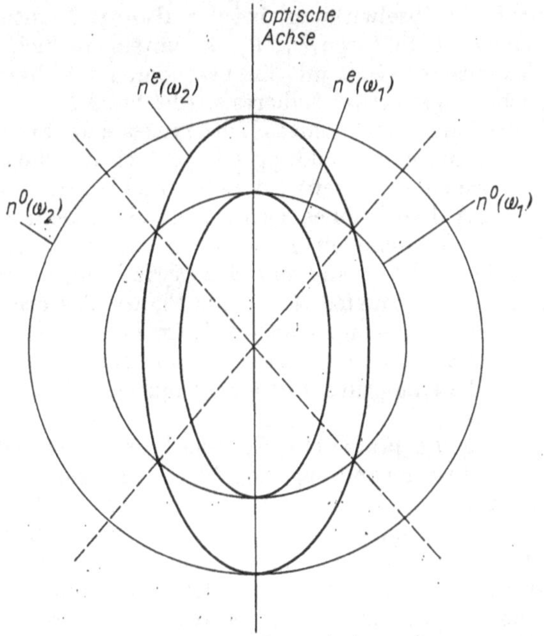

Abb. 2. Phasenanpassung bei einem KDP-Kristall. Die Kurven geben (in nicht maßstabsgerechter Darstellung) den Brechungsindex der ordentlichen bzw. außerordentlichen Welle, n^o bzw. n^e, in Abhängigkeit von der Richtung der Wellennormale wieder (Schnitt der Indexfläche mit einer durch die optische Achse gelegten Ebene). Die gestrichelten Linien markieren die ausgezeichneten Richtungen, bei denen Phasenanpassung vorliegt.

Dispersion — eine Anisotropie des Kristalls notwendig ist, um eine Phasenanpassung erreichen zu können.)

Im geschilderten Fall hat man also experimentell so vorzugehen, daß man die Grundwelle als ordentliche Welle in einer der ausgezeichneten Richtungen einstrahlt;

die Harmonische entsteht dann als außerordentliche Welle gleicher Ausbreitungsrichtung.

Die Verwirklichung der Phasenanpassung erfolgt bei der Summen- bzw. Differenzfrequenzerzeugung grundsätzlich in ähnlicher Weise; dabei ist auch die nichtkollineare Wechselwirkung, bei der also die Richtungen der Wellenzahlvektoren $\boldsymbol{k}_1$, $\boldsymbol{k}_2$, $\boldsymbol{k}_3$ unterschiedlich sind, von Bedeutung. (Dies gilt im besonderen für die parametrische Fluoreszenz; Näheres s. Abschn. 9.1.)

Wir erwähnen noch, daß sich die Prozesse der Summen- und Differenzfrequenzbildung sehr einfach im Photonen-Bild kennzeichnen lassen: Im ersten Fall handelt es sich um den „Aufbau" eines Quants der Summenfrequenz $\omega_3 = \omega_1 + \omega_2$ aus je einem Quant der Frequenz ω_1 bzw. ω_2 und im zweiten Fall um den Zerfall eines „Pump-Photons" der Frequenz ω_3 in je ein Photon der Frequenz ω_1 bzw. $\omega_2 = \omega_3 - \omega_1$, also gerade um den umgekehrten Vorgang. Da an den genannten Prozessen jeweils drei Photonen beteiligt sind, bezeichnet man sie als 3-Photonen-Prozesse.

Was nun die praktische Verwendbarkeit der Effekte der Frequenzumwandlung angeht, so ist zunächst zu sagen, daß die Harmonischenerzeugung (evtl. sogar mehrmals hintereinander ausgeführt) ein recht effektives Mittel darstellt, um — ausgehend von den meist im Infraroten oder Roten strahlenden Riesenimpulslasern sehr hoher Leistung — intensive monochromatische Lichtblitze im Bereich des optischen Spektrums (bis in das ultraviolette Gebiet hinein) zu erhalten. Die Summenfrequenzbildung ist von praktischem Interesse für den Nachweis von Lichtquanten, deren Frequenz im roten oder infraroten Spektralbereich liegt. Durch „Mischen" des (schwachen) Signals der Frequenz ω_1 mit einer intensiven Strahlung höherer Frequenz ω_2 können Quanten der Summenfrequenz $\omega_1 + \omega_2$ erzeugt werden, die sich (wegen der größeren Frequenz) wesentlich einfacher nachweisen lassen. Dieser Prozeß wird in der englischen Literatur als up-conversion bezeichnet. Bemerkenswert ist, daß die Umwandlung der Photonen der Frequenz ω_1 in solche der Frequenz $\omega_1 + \omega_2$ völlig rauschfrei verläuft: Aus energetischen Gründen wird zum „Aufbau" eines jeden Photons der Frequenz $\omega_1 + \omega_2$ genau ein Signalphoton „verbraucht", so daß bei fehlendem Signal keine Photonen der Summenfrequenz auftreten können. (Im Gegensatz dazu ist die Verstärkung der Intensität eines Lichtstrahls bei fester Frequenz [grundsätzlich] untrennbar mit einem Rauschen verknüpft; denkt man beispielsweise an einen Laserverstärker [s. z. B. [47]], so ist es die spontane Emission, die auch dann zu einem Ausgangssignal Anlaß gibt, wenn gar kein Signal eingestrahlt wird.)

Der Prozeß der Differenzfrequenzerzeugung schließlich hat praktische Anwendung beim sogenannten optischen parametrischen Oszillator gefunden. Hier strahlt man die Frequenz ω_3 als „Pumpwelle" ein, als Folge der nichtlinearen Wechselwirkung mit dem Medium entstehen zwei Wellen der Frequenz ω_1 bzw. ω_2 (mit $\omega_3 = \omega_1 + \omega_2$), die sogenannte Signal- bzw. Idler-Welle, wobei das Frequenzverhältnis ω_1/ω_2 — festgelegt durch die Phasenanpassungsbedingung — einerseits durch Drehen des Kristalls (bei fester Einstrahlrichtung der Pumpwelle) und andererseits durch Variation der Temperatur kontinuierlich geändert werden kann. Man gelangt so — wenigstens im Impulsbetrieb — zu frequenzmäßig in größeren Bereichen durchstimmbaren Lichtquellen, deren Strahlung ähnlich der eines Lasers monochromatisch und richtungsmäßig scharf gebündelt ist.

Soviel über die Effekte, die durch eine quadratische Nichtlinearität des Mediums bedingt sind! Wir wollen im folgenden noch kurz auf den Fall einer kubischen Nichtlinearität eingehen.

3.4. Der Kerr-Effekt

Für einen kubisch nichtlinearen Kristall lautet die Polarisation des Mediums, ausgedrückt durch die elektrischen Feldstärken der Partialwellen (in Verallgemeinerung von Gl. (6.17), Kapitel 1)

$$P_\mu(\boldsymbol{r}, t) = \sum_{\substack{\mu',\mu'',\mu''' \\ \omega',\omega'',\omega'''}} \chi^{(3)}_{\mu\mu'\mu''\mu'''}(\omega; \omega', \omega'', \omega''') E_{\mu'}(\boldsymbol{r}; \omega')$$

$$\times E_{\mu''}(\boldsymbol{r}; \omega'') E_{\mu'''}(\boldsymbol{r}; \omega''') e^{i\omega t} \quad (\omega = \omega' + \omega'' + \omega''') . \tag{4.1}$$

Wir diskutieren zunächst das Analogon zum linearen elektrooptischen Effekt, nämlich den entsprechenden quadratischen Effekt, der unter dem Namen KERR-Effekt bekannt ist. Es sei also wie in Abschn. *3.1* ein statisches elektrisches Feld an den Kristall angelegt, und wir untersuchen mit Hilfe einer elektromagnetischen Welle der Frequenz ω als „Sonde" den Einfluß dieses Feldes auf den Brechungsindex des Mediums bei der Frequenz ω. Der interessierende, mit der Frequenz ω oszillierende Anteil der Polarisation ergibt sich dann nach Gl. (4.1) (bei reell gewähltem $\boldsymbol{E}(\boldsymbol{r}; 0)$) zu

$$P_\mu(\boldsymbol{r}, t) = 12 \sum_{\mu_1,\mu_2,\mu_3} \chi^{(3)}_{\mu\mu_1\mu_2\mu_3}(\omega; \omega, 0, 0) E_{\mu_1}(\boldsymbol{r}; \omega)$$

$$\times E_{\mu_2}(\boldsymbol{r}; 0) E_{\mu_3}(\boldsymbol{r}; 0) e^{i\omega t} + \text{Konj. Kompl.}$$

$$= 3 \sum_{\mu_1,\mu_2,\mu_3} \chi^{(3)}_{\mu\mu_1\mu_2\mu_3}(\omega; \omega, 0, 0) E_{\mu_1}(\boldsymbol{r}, t) E^{\text{stat}}_{\mu_2} E^{\text{stat}}_{\mu_3} \tag{4.2}$$

(s. Gln. (1.3) und (1.4)), wobei im Faktor 12 die Permutationssymmetrie des Tensors $\chi^{(3)}$ bezüglich der letzten drei Indexpaare zum Ausdruck kommt. (Es treten in Gl. (4.1) zunächst die drei Frequenzkombinationen ω, 0, 0; 0, ω, 0 und 0, 0, ω auf, jede von ihnen ist aber noch — da der Frequenzwert Null jeweils doppelt zu zählen ist — mit dem Gewichtsfaktor 4 zu versehen.) Wie beim linearen elektrooptischen Effekt schließen wir aus Gl. (4.2) auf eine — durch das statische elektrische Feld bedingte — Änderung des ε-Tensors

$$\Delta \varepsilon_{\mu\mu_1} = 12\pi \sum_{\mu_2,\mu_3} \chi^{(3)}_{\mu\mu_1\mu_2\mu_3}(\omega; \omega, 0, 0)\, E^{\text{stat}}_{\mu_2}\, E^{\text{stat}}_{\mu_3}, \tag{4.3}$$

die gleichbedeutend mit einer Änderung des Brechungsindex (genauer, der drei Hauptbrechungsindizes, s. Gl. (1.7)) ist. Die hier auftretenden Koeffizienten sind symmetrisch bezüglich der Indizes μ und μ_1, denn auf Grund der Permutationssymmetrie und Realität des χ-Tensors gilt

$$\begin{aligned}\chi^{(3)}_{\mu\mu_1\mu_2\mu_3}(\omega; \omega, 0, 0) &= \chi^{(3)}_{\mu_1\mu\mu_2\mu_3}(-\omega; -\omega, 0, 0)\\ &= \chi^{(3)}_{\mu_1\mu\mu_2\mu_3}(\omega; \omega, 0, 0).\end{aligned} \tag{4.4}$$

Dementsprechend bleibt (wie beim POCKELS-Effekt, s. Abschn. 3.1) der ε-Tensor auch bei Störung durch ein äußeres statisches elektrisches Feld symmetrisch.

Mit Hilfe des KERR-Effekts kann im besonderen in einem optisch isotropen Medium (z. B. einer Flüssigkeit) Doppelbrechung erzeugt werden. Die damit verbundene Drehung der Polarisationsebene einer linear polarisierten ebenen Welle wird bekanntlich in der sogenannten KERR-Zelle ausgenutzt: Eine geeignete Flüssigkeit befindet sich zwischen zwei gekreuzten Polarisatoren, so daß kein Licht durch die Zelle hindurchtreten kann. Erst die durch das äußere Feld induzierte Doppelbrechung in der Flüssigkeit macht dann die Zelle — je nach der Stärke des Feldes — mehr oder weniger durchsichtig.

An Stelle eines statischen oder hochfrequenten elektrischen Feldes kann auch eine intensive Lichtwelle einer „Pumpfrequenz" ω_P zur Erzeugung einer Brechungsindexänderung verwendet werden. Statt Gl. (4.2) hat man dann zu schreiben.

$$\begin{aligned}P_\mu(\boldsymbol{r}, t) = 6 \sum_{\mu_1,\mu_2,\mu_3} \chi^{(3)}_{\mu\mu_1\mu_2\mu_3}(\omega; \omega, \omega_P, -\omega_P)\, E_{\mu_1}(\boldsymbol{r}; \omega)\\ \times E_{\mu_2}(\boldsymbol{r}; \omega_P)\, E_{\mu_3}(\boldsymbol{r}; -\omega_P)\, e^{i\omega t} + \text{Konj. Kompl.}\end{aligned} \tag{4.5}$$

oder, da im Fall einer linear polarisierten ebenen Welle das Produkt $E_{\mu_2}(\boldsymbol{r}; \omega_P) E_{\mu_3}(\boldsymbol{r}; -\omega_P) = E_{\mu_2}(\boldsymbol{r}; \omega_P) E^*_{\mu_3}(\boldsymbol{r}; \omega_P)$ reell ist,

$$P_\mu(\boldsymbol{r}, t) = 6 \sum_{\mu_1, \mu_2, \mu_3} \chi^{(3)}_{\mu\mu_1\mu_2\mu_3}(\omega; \omega, \omega_P, -\omega_P) E_{\mu_1}(\boldsymbol{r}, t) \times E_{\mu_2}(\boldsymbol{r}; \omega_P) E^*_{\mu_3}(\boldsymbol{r}; \omega_P). \tag{4.6}$$

(Der Faktor 6 gibt die Zahl der Permutationen der drei Frequenzen ω, ω_P und $-\omega_P$ an.) Für die Änderung des ε-Tensors findet man so den Ausdruck

$$\Delta \varepsilon_{\mu\mu_1} = 24\pi \sum_{\mu_2, \mu_3} \chi^{(3)}_{\mu\mu_1\mu_2\mu_3}(\omega; \omega, \omega_P, -\omega_P) E_{\mu_2}(\boldsymbol{r}; \omega_P) \times E^*_{\mu_3}(\boldsymbol{r}; \omega_P). \tag{4.7}$$

Die auf diese Weise hervorgerufene Änderung des Brechungsindex ist kürzlich zum Bau eines „ultraschnellen Lichttores" benutzt worden [16]. Zur Steuerung einer KERR-Zelle, also zur Erzeugung einer Doppelbrechung in einer geeigneten Flüssigkeit, wurden ultrakurze Lichtblitze eines modensynchronisierten Lasers verwendet. Damit wurden Öffnungszeiten der KERR-Zelle (Durchlaßzeiten für die Welle der Frequenz ω) erreicht, die bei 10^{-11} sec lagen.

3.5. Erzeugung der dritten Harmonischen

Ein weiterer physikalisch interessanter Prozeß ist die Erzeugung der dritten Harmonischen; dieser Effekt hat seine Ursache in dem mit der dreifachen Frequenz 3ω oszillierenden Anteil der Polarisation

$$P_\mu(\boldsymbol{r}, t) = \sum_{\mu_1, \mu_2, \mu_3} \chi^{(3)}_{\mu\mu_1\mu_2\mu_3}(3\omega; \omega, \omega, \omega) E_{\mu_1}(\boldsymbol{r}; \omega) \times E_{\mu_2}(\boldsymbol{r}; \omega) E_{\mu_3}(\boldsymbol{r}; \omega) e^{3i\omega t} + \text{Konj. Kompl.}, \tag{5.1}$$

der sich nach Gl. (4.1) bei Einstrahlung einer Grundwelle der Frequenz ω ausbildet.

3.6. 4-Photonen-Streuung

Weiterhin haben in letzter Zeit sowohl von theoretischer [63] als auch experimenteller Seite (s. z. B. [2, 64]) die parametrischen 4-Photonen-Prozesse Beachtung gefunden, die folgendermaßen zu charakterisieren sind: Es werden zwei Quanten bei den Pumpfrequenzen ω_1 bzw. ω_2 vernichtet (im Fall einer einzigen Pumpwelle sind es zwei Quanten gleicher Sorte) und dafür zwei Quanten der Frequenz ω_3 bzw. ω_4 erzeugt, wobei aus Energieerhaltungsgründen gilt

$$\omega_1 + \omega_2 = \omega_3 + \omega_4 . \tag{6.1}$$

Im Formalismus gemäß Gl. (4.1) sind die geschilderten Prozesse in folgender Weise zu beschreiben: Man denke sich vier Wellen mit den Frequenzen $\omega_1, \omega_2, \omega_3, \omega_4$ angeregt (wobei Gl. (6.1) erfüllt sei). Die Polarisation (4.1) des Mediums enthält dann im besonderen Anteile, die mit den Kombinationsfrequenzen

$$\begin{aligned} \omega_1 &= \omega_3 + \omega_4 - \omega_2 , \\ \omega_2 &= \omega_3 + \omega_4 - \omega_1 , \\ \omega_3 &= \omega_1 + \omega_2 - \omega_4 , \\ \omega_4 &= \omega_1 + \omega_2 - \omega_3 \end{aligned} \tag{6.2}$$

schwingen. Bei Phasenanpassung

$$\boldsymbol{k}_1 + \boldsymbol{k}_2 = \boldsymbol{k}_3 + \boldsymbol{k}_4 \tag{6.3}$$

und geeigneten Phasenbeziehungen zwischen den vier Wellen ist dann die Arbeit, die von den Wellen der Frequenz ω_1 und ω_2 an der jeweiligen frequenzmäßig zugehörigen Polarisation geleistet wird, positiv, die entsprechende Arbeit bei den Frequenzen ω_3 und ω_4 dagegen negativ, so daß Energie von dem erstgenannten Frequenzpaar auf das letztere übertragen wird.

Die 4-Photonen-Streuung bietet im Vergleich zu den 3-Photonen-Prozessen (s. Abschn. 3.3) — experimentell gesehen — den Vorteil, daß man einerseits nicht auf schwer züchtbare Kristalle wie $LiNbO_3$ oder KDP angewiesen ist, sondern einfache Substanzen wie Wasser, Kochsalz oder Glas verwenden kann, und sich andererseits die Phasenanpassungsbedingung leicht (schon bei einem isotropen Medium) befriedigen läßt. Man hat einen ausgedehnt frequenzmäßigen Abstimmungsbereich zu erwarten, was für die Entwicklung einer in einem großen Frequenzintervall durchstimmbaren Lichtquelle bedeutungsvoll ist. (Im Gegensatz zum Fall des parametrischen Oszillators [s. Abschn. 3.3] kann — denken wir an die Einstrahlung einer einzigen Pumpwelle [$\omega_1 = \omega_2$] — die Signalfrequenz, sagen wir ω_3, auch größer sein als die Pumpfrequenz. Nach Gl. (6.1) ist der Abstimmbereich nach oben nicht durch die letztere, sondern deren doppelten Wert begrenzt.) Als Nachteil — im Vergleich zum parametrischen 3-Photonen-Prozeß — stehen dem natürlich die erforderlichen wesentlich höheren Pumpleistungen gegenüber. Tatsächlich ist es bis heute nicht gelungen, (unter Verwendung von Resonatoren) eine Oszillation auf der Grundlage eines 4-Photonen-Streuprozesses zu erreichen.

3.7. *Stimulierte Raman-Streuung und 2-Photonen-Absorption*

Schließlich besteht die Möglichkeit, daß das Medium sich nicht wie bisher mit der Rolle eines „Mittlers“ (ähnlich einem Katalysator bei chemischen Reaktionen) begnügt, sondern selbst aktiv an dem Energieaustausch teilnimmt. Dies ist der Fall beim stimulierten RAMAN-Effekt und der 2-Photonen-Absorption. Die Beschreibung dieser Prozesse erfolgt grundsätzlich ähnlich wie beim KERR-Effekt (Abschn. 3.4). Durch eine intensive Pumpwelle der Frequenz ω_P wird im Zusammenspiel mit der

Signalwelle eine mit der Signalfrequenz ω_S oszillierende Polarisation erzeugt, die nach Gl. (4.5) formelmäßig gegeben ist durch

$$P_\mu(\boldsymbol{r}, t) = 6 \sum_{\mu_1, \mu_2, \mu_3} \chi^{(3)}_{\mu\mu_1\mu_2\mu_3}(\omega_S; \omega_S, \omega_P, -\omega_P) E_{\mu_1}(\boldsymbol{r}; \omega_S)$$

$$\times E_{\mu_2}(\boldsymbol{r}; \omega_P) E^*_{\mu_3}(\boldsymbol{r}; \omega_P) e^{i\omega_S t} + \text{Konj. Kompl.} \quad (7.1)$$

Im Gegensatz zu der Situation beim KERR-Effekt nehmen wir nun an, daß $\chi^{(3)}_{\mu\mu_1\mu_2\mu_3}(\omega_S; \omega_S, \omega_P, -\omega_P)$ nicht reell ist, sondern einen merklich von Null verschiedenen Imaginärteil besitzt. Nach Gl. (7.33), Kapitel 1, tritt dieser Fall dann ein, wenn eine der Kombinationsfrequenzen mit einer Atomfrequenz ω_{ba} (Niveauabstand in Einheiten von $\hbar$) übereinstimmt, wobei noch wesentlich ist, daß Relaxationsprozesse ablaufen, die Größe Γ_{ab} also nicht verschwindet. Physikalisch interessant sind die beiden Fälle

$$\omega_P - \omega_S = \omega_{ba} \quad (w_{ba} > 0) \qquad (7.2)$$

und

$$\omega_S + \omega_P = \omega_{ba}. \qquad (7.3)$$

Physikalisch bedeutet das Auftreten eines Imaginärteils des ε-Tensors — und damit auch des Brechungsindex — je nach dem Vorzeichen entweder eine Verstärkung oder eine Dämpfung der mit der betreffenden Frequenz oszillierenden Welle. Eine genauere Untersuchung [13] zeigt nun, daß die Signalwelle im Fall (7.2) in ihrer Amplitude vergrößert, im Fall (7.3) dagegen geschwächt wird. Im ersten Fall spricht man von stimulierter RAMAN-Streuung: Es findet eine induzierte, unelastische Streuung der Pumpwelle statt; das eingestrahlte Pumplicht wird in Licht der Signalfrequenz „umgesetzt“. Im Photonen-Bild bedeutet dies die „Umwandlung“ von Pump- in Signalphotonen. Da nach Gl. (7.2) die Frequenz des Lichtes bei der Streuung vermindert wird (Erzeugung der sogenannten STOKES-Welle), tritt ein Energieüberschuß auf, der eine Anregung des Mediums zur Folge hat. Normalerweise handelt es sich dabei allerdings nicht — wie bei der modellmäßigen Herleitung von Gl. (6.17), Kapitel 1, vorausgesetzt — um Übergänge zwischen verschiedenen Elektronenniveaus eines Atoms, sondern um Änderungen des Schwingungszustands eines Moleküls. Eine detailliertere Beschreibung des stimulierten RAMAN-Effekts geben wir in Abschn. 10.5.

Im Fall (7.3) werden sowohl Pump- als auch Signalphotonen „aufgebraucht", also absorbiert, und die Bedingung (7.3), mit $\hbar$ multipliziert, besagt offenbar, daß gerade die Energie eines Pump- und eines Signalphotons zusammengenommen den Energiebedarf des Atoms bei einem Übergang aus einem tieferen Niveau a in ein höheres Niveau b deckt, es werden — wegen der Gültigkeit des Energiesatzes auch im mikroskopischen Einzelprozeß — also die beiden Quanten simultan absorbiert, kurz gesagt, es findet eine 2-Quanten-Absorption statt. Da es sich hier um einen an einzelnen Atomen sich abspielenden Vorgang handelt, ist es zweckmäßig, die Berechnung der zugehörigen Übergangswahrscheinlichkeit direkt mit den bekannten Methoden der Störungstheorie — ohne den Umweg über die Polarisation des Mediums — vorzunehmen. (Näheres s. Abschn. 11.2.)

Wir bemerken zum Schluß, daß eine unelastische Streuung des Lichtes auch unter Mitwirkung der (akustischen) Schwingungen des gesamten Gitters (in der Sprache der Quantenmechanik also der Phononen) — an Stelle der für den RAMAN-Effekt maßgeblichen Schwingungen individueller Moleküle — erfolgen kann. Dieser Prozeß wird als stimulierte BRILLOUIN-Streuung bezeichnet.

Im zweiten Band dieses Buches werden wir uns mit einigen der in diesem Kapitel geschilderten Effekte intensiver beschäftigen, wobei die Dynamik der betreffenden Prozesse im Vordergrund stehen wird. Hierzu werden Bewegungsgleichungen benötigt, die wir im folgenden Kapitel herleiten.

4. Bewegungsgleichungen

4.1. Die Maxwellschen Gleichungen

Den Ausgangspunkt unserer Untersuchungen bilden die MAXWELLschen Gleichungen, die im GAUSSschen Maßsystem bekanntlich lauten

$$\mathbf{rot}\,\boldsymbol{E} = -\frac{1}{c}\,\dot{\boldsymbol{B}}, \tag{1.1}$$

$$\mathbf{rot}\,\boldsymbol{H} = \frac{1}{c}\,\dot{\boldsymbol{D}} \tag{1.2}$$

($\boldsymbol{B}$ magnetische Induktion, $\boldsymbol{H}$ magnetische Feldstärke und c Lichtgeschwindigkeit). Zwischen dem Verschiebungsvektor $\boldsymbol{D}$ und der Polarisation $\boldsymbol{P}$ des Mediums besteht der Zusammenhang

$$\boldsymbol{D} = \boldsymbol{E} + 4\pi\boldsymbol{P}. \tag{1.3}$$

Trennen wir wie in Abschn. 1.6 die Gesamtpolarisation in einen linearen und einen nichtlinearen Anteil auf ($\boldsymbol{P} = \boldsymbol{P}^{\mathrm{l}} + \boldsymbol{P}^{nl}$) und berücksichtigen den ersteren durch Einführung eines ε-Tensors, schreiben also[1])

$$\boldsymbol{D} = \varepsilon\boldsymbol{E} + 4\pi\,\boldsymbol{P}^{\mathrm{nl}}, \tag{1.4}$$

so können wir Gl. (1.2) fortsetzen gemäß

$$\mathbf{rot}\,\boldsymbol{H} = \frac{\varepsilon}{c}\,\dot{\boldsymbol{E}} + \frac{4\pi}{c}\,\dot{\boldsymbol{P}}^{\mathrm{nl}}. \tag{1.5}$$

Wir lassen weiterhin magnetische Effekte außer acht, setzen also $\boldsymbol{B} = \boldsymbol{H}$. Durch Elimination von $\boldsymbol{H}$ erhalten wir dann aus Gln. (1.1) und (1.5) die Wellengleichung für die elektrische Feldstärke

$$\mathbf{rot}\,\mathbf{rot}\,\boldsymbol{E} + \frac{\varepsilon}{c^2}\,\ddot{\boldsymbol{E}} = -\frac{4\pi}{c^2}\,\ddot{\boldsymbol{P}}^{\mathrm{nl}}, \tag{1.6}$$

[1]) Unter dem Produkt $\varepsilon\boldsymbol{E}$ ist, ohne daß dies explizit durch die Schreibweise ausgedrückt wird, die Überschiebung des Tensors ε mit dem Vektor $\boldsymbol{E}$ zu verstehen, d. h., in Komponentenschreibweise gilt $(\varepsilon\boldsymbol{E})_i = \sum_k \varepsilon_{ik} E_k$.

wobei die nichtlineare Polarisation $\boldsymbol{P}^{\mathrm{nl}}$ — genauer gesagt, ihre zweite zeitliche Ableitung — offensichtlich die Rolle einer Quelle für das Feld spielt. Da $\boldsymbol{P}^{\mathrm{nl}}$ andererseits wieder durch die elektrische Feldstärke ausgedrückt werden kann (s. Gln. (6.17), (9.8), Kapitel 1, sowie Gl. (4.1), Kapitel 3), haben wir in Gl. (1.6) grundsätzlich die Bewegungsgleichung des elektrischen Feldes unter dem Einfluß eines optisch nichtlinearen Mediums vor uns. Im Hinblick auf konkrete Anwendungen werden wir diese Gleichung im Rahmen eines geeigneten Näherungsverfahrens auf eine handliche Form bringen.

Wir stellen uns vor, daß mehrere monochromatische, mittels des Index $j = 1, 2, 3, \ldots$ numerierte Wellen unterschiedlicher Frequenz ω_j angeregt sind. Unter der Einwirkung des nichtlinearen Mediums findet dann eine Wechselwirkung zwischen den Partialwellen statt, in deren Verlauf es im allgemeinen zu einer sowohl zeitlichen als auch räumlichen Änderung der Amplituden a_j und der Phasen φ_j der einzelnen Wellen kommt. Wir werden uns im folgenden auf eine — im Verhältnis zu der hochfrequenten Schwingung bzw. der starken räumlichen Oszillation der freien Welle — schwache raumzeitliche Abhängigkeit der genannten Größen beschränken und demzufolge nur deren erste Ableitungen berücksichtigen. Dieses Verfahren ist sicher zulässig, wenn man die Verhältnisse in der Nähe des stationären Betriebs untersucht, woran wir hauptsächlich interessiert sind; es versagt bei extremen Bedingungen wie etwa bei Pumpen mit ultrakurzen Lichtimpulsen. (Genauere Bewegungsgleichungen wurden — unter korrekter Berücksichtigung der Dispersion des Mediums und Mitnahme auch der zweiten Ableitungen — u. a. in [67] hergeleitet.)

Greifen wir eine der Partialwellen j heraus, so ist für diese nur der mit (zumindest näherungsweise) gleicher Frequenz schwingende Anteil der Polarisation von Bedeutung, den wir im folgenden mit $\boldsymbol{P}^{(j)}$ abkürzen wollen. (Im Fall unterschiedlicher Frequenz leistet die Welle — im zeitlichen Mittel über einige Lichtperioden —

keine Arbeit an der Polarisation, die Welle wird also energetisch nicht beeinflußt.) Aus Gl. (1.6) folgt so für die Partialwelle j die Differentialgleichung

$$\boldsymbol{rot}\,\boldsymbol{rot}\,\boldsymbol{E}^{(j)} + \frac{\varepsilon(\omega_j)}{c^2}\,\ddot{\boldsymbol{E}}^{(j)} = -\frac{4\pi}{c^2}\,\ddot{\boldsymbol{P}}^{(j)}. \tag{1.7}$$

Da unser Näherungsverfahren darauf hinausläuft, daß wir die Wirkung des Mediums als eine kleine Störung auffassen, können wir bei der Bildung der zweiten Ableitung von $\boldsymbol{P}^{(j)}$ die zeitliche Abhängigkeit der Amplitude und Phase von $\boldsymbol{P}^{(j)}$ vernachlässigen und an Stelle von Gl. (1.7) schreiben

$$\boldsymbol{rot}\,\boldsymbol{rot}\,\boldsymbol{E}^{(j)} + \frac{\varepsilon(\omega_j)}{c^2}\,\ddot{\boldsymbol{E}}^{(j)} = \frac{4\pi\,\omega_j^2}{c^2}\,\boldsymbol{P}^{(j)}. \tag{1.8}$$

Wir haben nun die linke Seite dieser Gleichung weiter auszurechnen. Da wir es im Normalfall mit einem anisotropen Medium zu tun haben, steht die Polarisationsrichtung (Richtung des $\boldsymbol{E}$-Vektors) im allgemeinen *nicht* senkrecht zur Ausbreitungsrichtung (Richtung des Wellenzahlvektors $\boldsymbol{k}$); formal bedeutet dies, es gilt zwar $\operatorname{div} \boldsymbol{D} = 0$, nicht aber $\operatorname{div} \boldsymbol{E} = 0$. Dementsprechend bringt die bekannte mathematische Umformung des Operators $\boldsymbol{rot}\,\boldsymbol{rot}$ (nämlich $\boldsymbol{rot}\,\boldsymbol{rot} = -\Delta + \boldsymbol{grad}\operatorname{div}$) in unserem Fall keinen Vorteil, und wir werden den Ausdruck $\boldsymbol{rot}\,\boldsymbol{rot}\,\boldsymbol{E}^{(j)}$ direkt berechnen. Wir denken an linear polarisierte ebene Wellen und machen demzufolge für die elektrische Feldstärke der j-ten Partialwelle den Ansatz

$$\boldsymbol{E}^{(j)}(\boldsymbol{r}, t) = A_j(\boldsymbol{r}, t)\, e^{i(\boldsymbol{k}_j\boldsymbol{r} - \omega_j t)}\boldsymbol{e}^{(j)} + \text{Konj. Kompl.} \tag{1.9}$$

Dabei wurden Amplitude und Phase zu einer (voraussetzungsgemäß räumlich und zeitlich schwach veränderlichen) *komplexen* Amplitude A_j zusammengefaßt. Unter $\boldsymbol{e}^{(j)}$ verstehen wir den durch die linearen Eigenschaften des Mediums — also den ε-Tensor — festgelegten Polarisationsvektor[1]) (Einheitsvektor in Richtung der elektrischen Feldstärke), der mit der $\boldsymbol{k}_j$-Richtung den Winkel β_j einschließen möge. Der Komplementärwinkel $\alpha_j = \frac{\pi}{2} - \beta_j$ wird als Anisotropiewinkel bezeichnet (er verschwindet offenbar im Fall eines isotropen Mediums, da dann $\boldsymbol{e}_j$ und $\boldsymbol{k}_j$ orthogonal zueinander sind). Weiterhin entspreche auch der Zusammenhang zwischen $\boldsymbol{k}_j$ und ω_j in (1.9) (die Dispersionsbeziehung für das Medium also) der linearen Theorie, d. h. der normalen Kristalloptik. Der Ansatz (1.9) ist somit — im Sinn einer störungstheoretischen Näherung — so beschaffen, daß er bei konstanter Amplitude A_j die homogene Wellengleichung

$$\textbf{\textit{rot rot}}\, \boldsymbol{E}^{(j)} + \frac{\varepsilon(\omega_j)}{c^2} \ddot{\boldsymbol{E}}^{(j)} = 0 \qquad (1.10)$$

befriedigt.

Zur Vereinfachung des Formalismus ist es schließlich noch zweckmäßig, an Stelle der elektrischen Feldstärke $\boldsymbol{E}^{(j)}$ nur einen der beiden Summanden in Gl. (1.9) — den positiven bzw. negativen Frequenzanteil von $\boldsymbol{E}^{(j)}$ — zu betrachten. (Die Wellengleichung (1.8) gilt ja für jeden der genannten Terme für sich, wenn man auch $\boldsymbol{P}^{(j)}$ durch den betreffenden Frequenzanteil ersetzt.) Wir rechnen im folgenden mit dem positiven Frequenzanteil der elektrischen Feldstärke, den wir abgekürzt folgendermaßen schreiben

$$\boldsymbol{E}^{(j)(+)}(\boldsymbol{r}, t) = A_j(\boldsymbol{r}, t)\, e^{i(\boldsymbol{k}_j\boldsymbol{r} - \omega_j t)} \boldsymbol{e}^{(j)} \equiv A_j(\boldsymbol{r}, t)\, \tilde{\boldsymbol{E}}^{(j)(+)}(\boldsymbol{r}, t), \qquad (1.11)$$

und unterdrücken von nun an, um Schreibarbeit bzw. Satzkosten zu sparen, den Index j.

Für die Größe $\textbf{\textit{rot}}\, \boldsymbol{E}^{(+)}$ zunächst erhalten wir nach Gl. (1.11) unter Verwendung der bekannten Formel

[1]) Wir vernachlässigen also eine durch die nichtlineare Polarisation bedingte geringfügige Änderung der Polarisationsrichtung der Welle.

(s. z. B. [37]) aus der Vektoranalysis

$$\nabla \times (u\boldsymbol{v}) = -\boldsymbol{v} \times (\nabla u) + u(\nabla \times \boldsymbol{v}) \qquad (1.12)$$

(∇ Nabla-Operator) den Ausdruck

$$\boldsymbol{rot}\,\boldsymbol{E}^{(+)} \equiv \nabla \times \boldsymbol{E}^{(+)} = -\tilde{\boldsymbol{E}}^{(+)} \times \boldsymbol{G} + A\,(\nabla \times \tilde{\boldsymbol{E}}^{(+)}) \qquad (1.13)$$

mit der Abkürzung

$$\boldsymbol{G} = \nabla A \equiv \boldsymbol{grad}\,A\,. \qquad (1.14)$$

Da der Nabla-Operator bei Anwendung auf eine Größe, die gemäß einer Exponentialfunktion $\exp\{i\,\boldsymbol{k}\boldsymbol{r}\}$ vom Ort abhängt, durch den Vektor $i\boldsymbol{k}$ zu ersetzen ist, können wir Gl. (1.13) umformen in

$$\boldsymbol{rot}\,\boldsymbol{E}^{(+)} = -\,\tilde{\boldsymbol{E}}^{(+)} \times \boldsymbol{G} + iA\,(\boldsymbol{k} \times \tilde{\boldsymbol{E}}^{(+)})\,. \qquad (1.15)$$

Wenden wir auf Gl. (1.13) bzw. (1.15) noch einmal die Operation ***rot*** an, so wird zunächst aus dem ersten Summanden auf der rechten Seite (da wir die zweiten räumlichen Ableitungen von A und damit die ersten Ableitungen von $\boldsymbol{G}$ vernachlässigen wollen)

$$-\nabla \times (\tilde{\boldsymbol{E}}^{(+)} \times \boldsymbol{G}) \approx -i\boldsymbol{k} \times (\tilde{\boldsymbol{E}}^{(+)} \times \boldsymbol{G})\,. \qquad (1.16)$$

Der zweite Term in Gl. (1.13) bzw. (1.15) geht nach Gl. (1.12) über in

$$\nabla \times (A\,\boldsymbol{rot}\,\tilde{\boldsymbol{E}}^{(+)}) = -\,i\,(\boldsymbol{k} \times \tilde{\boldsymbol{E}}^{(+)}) \times \boldsymbol{G} + A\,\boldsymbol{rot}\,\boldsymbol{rot}\,\tilde{\boldsymbol{E}}^{(+)}. \qquad (1.17)$$

Wir setzen der Einfachheit halber voraus, daß die Ausbreitungsvektoren $\boldsymbol{k}_j$ der Wellen j in ihrer Richtung übereinstimmen (kollineare Wechselwirkung) und die Wellenausbreitung senkrecht zu einer (ebenen) Begrenzungsfläche, sagen wir $z = 0$, des Kristalls erfolgt. Solange kein räumliches Auseinanderlaufen der Wellen — auf Grund der endlichen Strahlquerschnitte und der im allgemeinen verschiedenen Strahlrichtungen (s. Abb. 3) — stattfindet, werden dann die Amplituden A_j nur von der z-Koordinate abhängen. Der Gradient von A_j, der oben eingeführte Vektor $\boldsymbol{G}_j$ also, steht dann senkrecht auf den Ebenen $z = \text{const}$, d. h., er besitzt die gleiche Richtung wie der Wellenzahlvektor $\boldsymbol{k}_j$. Offenbar sind dann die zweifachen vektoriellen Produkte in Gln. (1.16) und (1.17) gleich, so daß wir durch Addition der genannten Gleichungen zu dem Ergebnis

$$\boldsymbol{rot}\,\boldsymbol{rot}\,\boldsymbol{E}^{(+)} = 2i\,\boldsymbol{G} \times (\boldsymbol{k} \times \tilde{\boldsymbol{E}}^{(+)}) + A\,\boldsymbol{rot}\,\boldsymbol{rot}\,\tilde{\boldsymbol{E}}^{(+)} \qquad (1.18)$$

gelangen.

Die Berechnung der zweiten zeitlichen Ableitung der elektrischen Feldstärke erfordert im Vergleich dazu wenig Mühe; man erhält bei Beschränkung auf die erste zeitliche Ableitung von A die Relation

$$\ddot{\boldsymbol{E}}^{(+)} = -2i\omega\,\dot{A}\,\tilde{\boldsymbol{E}}^{(+)} + A\,\ddot{\tilde{\boldsymbol{E}}}^{(+)}. \qquad (1.19)$$

Die (1.8) entsprechende Bewegungsgleichung nimmt so — berücksichtigen wir noch, daß $\tilde{\boldsymbol{E}}$ voraussetzungsgemäß die homogene Wellengleichung (1.10) erfüllt — die folgende Gestalt an

$$i\,\boldsymbol{grad}\,A \times (\boldsymbol{k} \times \tilde{\boldsymbol{E}}^{(+)}) - i\omega\,\frac{\varepsilon}{c^2}\,\dot{A}\,\tilde{\boldsymbol{E}}^{(+)} = \frac{2\pi\omega^2}{c^2}\,\boldsymbol{P}^{(+)}. \qquad (1.20)$$

Nach dem oben Gesagten stimmen die Vektoren $\boldsymbol{k}$ und $\boldsymbol{grad}\,A$ in ihrer Richtung überein, das zweifache vektorielle Produkt in Gl. (1.20) kann damit leicht berechnet werden: Bezeichnen wir den in die $\boldsymbol{k}$-Richtung weisenden Einheitsvektor mit $\boldsymbol{f}$, so können wir zunächst schreiben

$$\boldsymbol{grad}\,A \times (\boldsymbol{k} \times \tilde{\boldsymbol{E}}^{(+)}) = \boldsymbol{f} \times (\boldsymbol{f} \times \boldsymbol{e})\,k\,\frac{\partial A}{\partial z}\,e^{i(kz-\omega t)}, \qquad (1.21)$$

wobei noch die Definition von $\tilde{\boldsymbol{E}}^{(+)}$ (s. Gl. (1.11)) beachtet wurde. Der Vektor $\boldsymbol{f} \times \boldsymbol{e}$ steht senkrecht auf der von $\boldsymbol{f}$ und $\boldsymbol{e}$ aufgespannten Ebene — bei der in Abb. 3 veranschaulichten Lage von $\boldsymbol{f}$ und $\boldsymbol{e}$ zeigt er aus der Zeichenebene nach vorn heraus — und hat, da $\boldsymbol{e}$ und $\boldsymbol{f}$

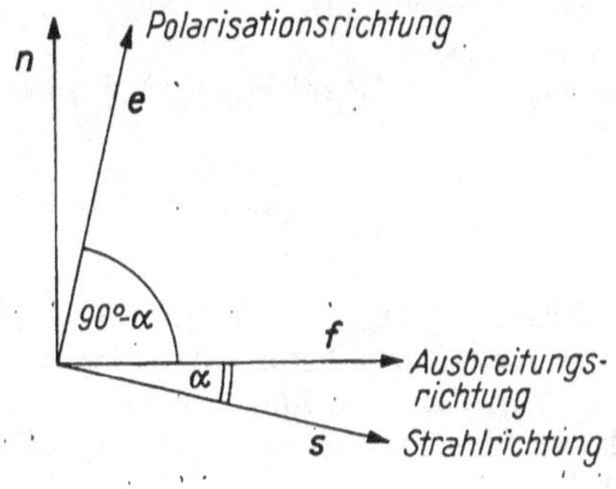

Abb. 3. Gegenseitige Lage von Strahl-, Ausbreitungs- und Polarisationsrichtung bei einem anisotropen Medium. Die Größe α bezeichnet den Anisotropiewinkel.

den Winkel $\frac{\pi}{2} - \alpha$ miteinander einschließen (s. o.), die Länge $\sin\left(\frac{\pi}{2} - \alpha\right) = \cos\alpha$. Multiplizieren wir diesen Vektor von links vektoriell mit $\boldsymbol{f}$, so erhalten wir einen Vektor der gleichen Länge, der wieder in der $\boldsymbol{e}, \boldsymbol{f}$-Ebene liegt und dabei senkrecht zu $\boldsymbol{f}$ gerichtet ist (s. Abb. 3). Führen wir, wie in Abb. 3 dargestellt, den zur $\boldsymbol{f}$-Richtung senkrechten Einheitsvektor $\boldsymbol{n}$ ein, so gilt also

$$\boldsymbol{grad}\, A \times (\boldsymbol{k} \times \tilde{\boldsymbol{E}}^{(+)}) = -k \frac{\partial A}{\partial z} e^{i(kz-\omega t)} \cos\alpha\, \boldsymbol{n}. \tag{1.22}$$

Der zweite Term auf der linken Seite von Gl. (1.20) ist, wie man an Hand von Gl. (1.10) leicht nachprüft, ebenfalls proportional zu $\boldsymbol{n}$. Da die gleiche Aussage für die nichtlineare Polarisation im allgemeinen nicht gilt und andererseits für die zeitlich gemittelte Arbeitsleistung $\overline{\boldsymbol{E}\boldsymbol{P}}$ (s. Gl. (2.7), Kapitel 2), durch welche die betreffende Welle angefacht bzw. gedämpft wird, nur die $\boldsymbol{e}$-Komponente von $\boldsymbol{P}$ maßgebend ist, projizieren wir Gl. (1.20) auf die $\boldsymbol{e}$-Richtung. Unter Beachtung von Gl. (1.22) erhalten wir so, wenn wir nun den Index j wieder mitschreiben,

$$i\left(k_j \cos^2\alpha_j \frac{\partial A_j}{\partial z} + \frac{\omega_j}{c^2} \boldsymbol{e}^{(j)} \varepsilon(\omega_j) \boldsymbol{e}^{(j)} \dot{A}_j\right) e^{i(k_j z - \omega_j t)}$$

$$= -\frac{2\pi \omega_j^2}{c^2} \boldsymbol{P}^{(j)(+)} \boldsymbol{e}^{(j)}. \tag{1.23}$$

Aus dieser Gleichung ergibt sich für die Ausbreitungsgeschwindigkeit $\tilde{v}_j$ der Amplitude A_j der Wert $\tilde{v}_j = c^2 k_j \cos^2 \alpha_j/(\omega_j \boldsymbol{e}^{(j)} \varepsilon(\omega_j) \boldsymbol{e}^{(j)})$, der, wie man aus Gl. (1.10) folgert, gerade gleich der Phasengeschwindigkeit u_j ist.[1])

Aus Gl. (1.23) ist weiterhin ersichtlich, daß der auf der rechten Seite stehende Quellterm nur dann wirksam wird, wenn er einen Bestandteil enthält, der die gleiche — oder zumindest eine sehr ähnliche — räumliche Struktur besitzt wie die elektrische Feldstärke der ungestörten j-ten Welle. (Andernfalls verschwindet, nachdem man Gl. (1.23) durch $\exp\{i(k_j z - \omega_j t)\}$ dividiert hat, die „treibende Kraft" für die Amplitude A_j im räumlichen Mittel.) Wir werden so wieder auf die Phasenanpassungsbedingung geführt, auf die wir schon in Abschn. 3.3 gestoßen sind.

4.2. *Die Energiebilanz*

Gl. (1.23) ist wegen des komplexen Charakters von A_j und $\boldsymbol{P}^{(\omega_j)(+)}$ äquivalent zwei (reellen) Gleichungen für die reelle Amplitude a_j und die Phase φ_j. Breite sich die

---

[1]) Bei genauerer Berücksichtigung der Dispersion des Mediums erhält man für $\tilde{v}_j$ statt dessen die Komponente der Gruppengeschwindigkeit in Ausbreitungsrichtung (s. [1, 67]).

Polarisationswelle $\boldsymbol{P}^{(j)}$ mit der Wellenzahl $k_j^{(P)}$ in z-Richtung aus, lasse sich die $\boldsymbol{e}^{(j)}$-Komponente von $\boldsymbol{P}^{(j)(+)}$ also in der Form

$$\boldsymbol{P}^{(j)(+)}\,\boldsymbol{e}^{(j)} = P_j\, e^{i(k_j^{(P)}z-\omega_j^{(P)}t+\varphi_j^{(P)})} \quad (P_j \text{ reell}) \tag{2.1}$$

mit $\omega_j^{(P)} \approx \omega_j$ darstellen, so folgt aus Gl. (1.23) mit dem Ansatz

$$A_j = a_j e^{i\varphi_j} \qquad (a_j \text{ reell}), \tag{2.2}$$

wenn wir den Index j bei der Zwischenrechnung wieder unterdrücken, die Relation

$$i\left\{k\cos^2\alpha\left(\frac{\partial a}{\partial z} + ia\,\frac{\partial\varphi}{\partial z}\right) + \frac{\omega}{c^2}\,\boldsymbol{e}\,\varepsilon\boldsymbol{e}\,(\dot a + ia\,\dot\varphi)\right\} e^{i(kz-\omega t+\varphi)}$$
$$= -\frac{2\pi\omega^2}{c^2}\,P e^{i(k^{(P)}z-\omega^{(P)}t+\varphi^{(P)})}, \tag{2.3}$$

wofür unter Verwendung der Abkürzung

$$\Theta_j \equiv (k_j^{(P)} - k_j)z - (\omega_j^{(P)} - \omega_j)t + \varphi_j^{(P)} - \varphi_j \tag{2.4}$$

auch geschrieben werden kann

$$i\left(k\cos^2\alpha\,\frac{\partial a}{\partial z} + \frac{\omega}{c^2}\,\boldsymbol{e}\varepsilon\boldsymbol{e}\,\dot a\right) - a\left(k\cos^2\alpha\,\frac{\partial\varphi}{\partial z} + \frac{\omega}{c^2}\,\boldsymbol{e}\varepsilon\boldsymbol{e}\dot\varphi\right)$$
$$= -\frac{2\pi\,\omega^2}{c^2}\,P e^{i\Theta}. \tag{2.5}$$

Die Auftrennung der letzten Gleichung in Real- und Imaginärteil liefert die beiden Differentialgleichungen

$$k_j\cos^2\alpha_j\,\frac{\partial a_j}{\partial z} + \frac{\omega_j}{c^2}\,\boldsymbol{e}^{(j)}\,\varepsilon(\omega_j)\,\boldsymbol{e}^{(j)}\,\dot a_j = -\frac{2\pi\omega_j^2}{c^2}\,P_j\sin\Theta_j \tag{2.6}$$

und

$$a_j\left(k_j\cos^2\alpha_j\,\frac{\partial\varphi_j}{\partial z} + \frac{\omega_j}{c^2}\,\boldsymbol{e}^{(j)}\,\varepsilon(\omega_j)\,\boldsymbol{e}^{(j)}\,\dot\varphi_j\right) = \frac{2\pi\omega_j^2}{c^2}\,P_j\cos\Theta_j\,. \tag{2.7}$$

Gl. (2.6) läßt sich, wie wir im folgenden zeigen werden, physikalisch einfach interpretieren; sie beinhaltet nämlich die lokale Energieerhaltung.

Wir geben zunächst die mit der Welle j verknüpfte Energiestromdichte an. Zu diesem Zweck haben wir den POYNTING-Vektor

$$\boldsymbol{S} = \frac{c}{4\pi} (\boldsymbol{E} \times \boldsymbol{H}) \tag{2.8}$$

explizit auszurechnen. Mitteln wir gleich wieder über einige Lichtperioden, so können wir schreiben

$$\bar{\boldsymbol{S}} = \frac{c}{4\pi} (\boldsymbol{E}^{(+)} \times \boldsymbol{H}^{(+)*}) + \text{Konj.Kompl.} \tag{2.9}$$

Gemäß der MAXWELLschen Gleichung (1.1) gilt (im Fall $\mu = 1$) für eine Welle der Form (1.9) mit räumlich und zeitlich schwach veränderlicher Amplitude in guter Näherung

$$\boldsymbol{rot}\,\boldsymbol{E}^{(+)} = i\boldsymbol{k} \times \boldsymbol{E}^{(+)} = \frac{i\omega}{c} \boldsymbol{H}^{(+)}, \tag{2.10}$$

also

$$\boldsymbol{H}^{(+)} = \frac{c}{\omega} (\boldsymbol{k} \times \boldsymbol{E}^{(+)}). \tag{2.11}$$

Damit lautet der (zeitlich gemittelte) POYNTING-Vektor (2.9)

$$\bar{\boldsymbol{S}} = \frac{c^2}{2\pi\omega} \boldsymbol{E}^{(+)} \times (\boldsymbol{k} \times \boldsymbol{E}^{(+)*}) = \frac{c^2}{2\pi\omega} k a^2 \boldsymbol{e} \times (\boldsymbol{f} \times \boldsymbol{e}). \tag{2.12}$$

Wie im Anschluß an Gl. (1.21) ausgeführt, hat der (senkrecht zu der von $\boldsymbol{e}$ und $\boldsymbol{f}$ aufgespannten Ebene stehende) Vektor $\boldsymbol{f} \times \boldsymbol{e}$ die Länge $\cos\alpha$. (In Abb. 3 zeigt er auf den Betrachter zu.) Der Vektor $\boldsymbol{e} \times (\boldsymbol{f} \times \boldsymbol{e})$ besitzt damit die gleiche Länge, er liegt in der durch $\boldsymbol{e}$ und $\boldsymbol{f}$ definierten Ebene und schließt (da er orthogonal zu $\boldsymbol{e}$ ist) mit der $\boldsymbol{k}$-

Richtung den Winkel α ein. Für den POYNTING-Vektor (2.12) gilt somit, wenn wir unter $\mathbf{s}$ den in die Richtung von $\boldsymbol{e} \times (\boldsymbol{f} \times \boldsymbol{e})$ weisenden Einheitsvektor verstehen, die Darstellung

$$\bar{\mathbf{S}} = \frac{c^2}{2\pi\omega} k a^2 \cos\alpha\, \mathbf{s}. \tag{2.13}$$

Die Richtung des Energieflusses, also die von $\mathbf{s}$, wird üblicherweise als Strahlrichtung (im Gegensatz zu der durch den $\boldsymbol{k}$-Vektor markierten Normalenrichtung) bezeichnet. Die Dichte des speziell in $\boldsymbol{k}$-Richtung fließenden Energiestroms ergibt sich aus Gl. (2.13) zu

$$\bar{S}_z = \frac{c^2}{2\pi\omega} k a^2 \cos^2\alpha. \tag{2.14}$$

Andererseits lautet die elektromagnetische Energiedichte im Medium, wenn wir uns auf geringe Dispersion (gemäß der Ungleichung $\frac{1}{2}\,\omega \frac{\partial\varepsilon}{\partial\omega} \ll \varepsilon$, s. [36]) beschränken, allgemein

$$u = \frac{1}{4\pi} \overline{\boldsymbol{E}\boldsymbol{D}}; \tag{2.15}$$

für die durch (1.9) repräsentierte Welle gilt daher

$$u = \frac{1}{2\pi} \boldsymbol{e}\varepsilon\boldsymbol{e} a^2. \tag{2.16}$$

Wir berechnen schließlich noch die (ebenfalls zeitlich gemittelte) Arbeit $\bar{L}$, die von der Welle in der Zeit- und der Volumeneinheit an der Polarisation geleistet wird. Nach Gl. (2.8), Kapitel 2, können wir schreiben

$$\bar{L} = i\omega \boldsymbol{E}^{(+)} \boldsymbol{P}^{(+)*} + \text{Konj. Kompl.} \tag{2.17}$$

oder, gemäß Gln. (1.9), (2.1), (2.2) und (2.4) (unter Beachtung von $\omega^{(P)} \approx \omega$)

$$\bar{L} = i\omega a\, P e^{i[(k-k^{(P)})z-(\omega-\omega^{(P)})t+\varphi-\varphi^{(P)}]} + \text{Konj. Kompl.}$$
$$= 2\omega a\, P \sin\Theta\,. \tag{2.18}$$

Nach diesen Vorbereitungen können wir nun leicht nachweisen, daß Gl. (2.6) gerade die durch den Energieerhaltungssatz geforderte Beziehung zwischen den Größen $\bar{S}$, u und $\bar{L}$ repräsentiert. Wir multiplizieren die genannte Gleichung zu diesem Zweck mit $ac^2/(\pi\omega)$; es entsteht so nach einer einfachen Umformung die Relation

$$\frac{c^2}{2\pi\omega}\, k\cos^2\alpha\, \frac{\partial}{\partial z}\,(a^2) + \frac{e\varepsilon e}{2\pi}\,\frac{\partial}{\partial t}\,(a^2) + 2\omega a\, P\sin\Theta = 0\,. \tag{2.19}$$

Offenbar ist der erste Term in dieser Gleichung gemäß Gl. (2.14) nichts anderes als $\partial\bar{S}_z/\partial z$, was wiederum — da sich die Ortsabhängigkeit von a und damit auch von $\bar{\mathbf{S}}$ nach dem Obigen auf eine bloße z-Abhängigkeit reduziert — gleichbedeutend mit div $\bar{\mathbf{S}}$ ist; der zweite Summand in Gl. (2.19) ist nach Gl. (2.16) die zeitliche Ableitung der Energiedichte u, und der letzte Term ist entsprechend Gl. (2.18) identisch mit der Leistung $\bar{L}$. Gl. (2.6) ist somit äquivalent dem Energiesatz in der Form

$$\operatorname{div}\bar{\mathbf{S}} + \dot{u} + \bar{L} = 0\,, \tag{2.20}$$

in Worten, die in der Zeit- und Volumeneinheit der Welle entzogene Energie (—div $\bar{\mathbf{S}}$) wird einerseits für eine Änderung der Energiedichte u und andererseits für eine Arbeitsleistung $\bar{L}$ an der Polarisation verbraucht.

Damit ist also die physikalische Bedeutung von Gl. (2.6) klargestellt. Die ebenfalls aus den MAXWELLschen Gleichungen folgende Beziehung (2.7) für die Änderung der Phase der Welle dagegen läßt keine unmittelbare physikalische Interpretation zu. Wie wir später sehen werden, kann man sich in einfachen Fällen — bei Vorliegen von Phasenanpassung und genauer Übereinstimmung der Frequenzen der Welle und der Polarisation ($\omega_j = \omega_j^{(P)}$) — mit der, mathematisch gesehen, simplen Lösung $\varphi_j = \text{const}$ begnügen, so daß Gl. (2.7) dann nur den Wert der relativen Phase $\varphi_j^{(P)} - \varphi_j$ festlegt.

4.3. Wechselwirkung zwischen drei Wellen

Wir wollen zum Schluß noch die Bewegungsgleichungen für den Fall der parametrischen Verstärkung bzw. Oszillation (s. Abschn. 3.3) explizit aufschreiben. Wie bisher setzen wir kollineare Wechselwirkung voraus, i. e. nehmen an, daß sich alle drei Wellen in der gleichen Richtung — die wir als z-Richtung bezeichnen — ausbreiten. (Diese Richtung kann innerhalb des Kristalls beliebig orientiert sein.) Sei $\omega_3 = \omega_2 + \omega_1$, dann lautet die Bewegungsgleichung für die Signalwelle $j = 1$ gemäß Gl. (1.23), wenn wir noch beachten, daß der mit der gleichen Frequenz oszillierende Polarisationsanteil nach Gl. (6.17), Kapitel 1, sowie Gl. (1.9) gegeben ist durch

$$P_\mu = 2 \sum_{\mu',\mu''} \chi_{\mu\mu'\mu''} (-\omega_1; \omega_2, -\omega_3) A_2^* A_3 e^{i[(k_3-k_2)z-\omega_1 t]} \times e_{\mu'}^{(2)} e_{\mu''}^{(3)} + \text{Konj. Kompl.} \tag{3.1}$$

(mit $e_\mu^{(j)}$ als μ-Komponente des Polarisationsvektors $\mathbf{e}^{(j)}$),

$$k_1 \cos^2 \alpha_1 \frac{\partial A_1}{\partial z} + \frac{\omega_1}{c^2} \mathbf{e}^{(1)} \varepsilon(\omega_1) \mathbf{e}^{(1)} \dot{A}_1 = \frac{4\pi i \omega_1^2}{c_2} \left\{ \sum_{\mu,\mu',\mu''} \chi_{\mu\mu'\mu''}(-\omega_1; \omega_2, -\omega_3) e_\mu^{(1)} e_{\mu'}^{(2)} e_{\mu''}^{(3)} \right\} \times A_2^* A_3 e^{i\Delta kz} \tag{3.2}$$

mit

$$\Delta k \equiv k_3 - (k_2 + k_1) \tag{3.3}$$

als „phase mismatch".

In analoger Weise findet man für die beiden anderen Wellen die Bewegungsgleichungen

$$k_2 \cos^2 \alpha_2 \frac{\partial A_2}{\partial z} + \frac{\omega_2}{c^2} \mathbf{e}^{(2)} \varepsilon(\omega_2) \mathbf{e}^{(2)} \dot{A}_2$$
$$= \frac{4\pi i\, \omega_2^2}{c^2} \left\{ \sum_{\mu,\mu',\mu''} \chi_{\mu\mu'\mu''}(-\omega_2;\, -\omega_3,\, \omega_1)\, e_\mu^{(2)} e_{\mu'}^{(3)} e_{\mu''}^{(1)} \right\}$$
$$\times A_3 A_1^* \, e^{i\Delta l \cdot z} \tag{3.4}$$

sowie

$$k_3 \cos^2 \alpha_3 \frac{\partial A_3}{\partial z} + \frac{\omega_3}{c^2} \mathbf{e}^{(3)} \varepsilon(\omega_3) \mathbf{e}^{(3)} \dot{A}_3$$
$$= \frac{4\pi i \omega_3^2}{c^2} \left\{ \sum_{\mu,\mu',\mu''} \chi_{\mu\mu'\mu''}(-\omega_3;\, -\omega_1,\, -\omega_2)\, e_\mu^{(3)} e_{\mu'}^{(1)} e_{\mu''}^{(2)} \right\}$$
$$\times A_1 A_2 e^{-i\Delta kz}. \tag{3.5}$$

Auf Grund der Permutationssymmetrie des Suszeptibilitätstensors sind die für die Stärke der Kopplung maßgeblichen (jeweils in geschweiften Klammern stehenden) Terme in Gln. (3.2), (3.4) und (3.5) sämtlich gleich. In der Tat gilt beispielsweise für die in Gl. (3.2) auftretende Kopplungskonstante gemäß den Symmetrierelationen (6.21), (6.19) und (6.23), Kapitel 1,

$$\sum_{\mu,\mu',\mu''} \chi_{\mu\mu'\mu''}(-\omega_1;\, \omega_2,\, -\omega_3)\, e_\mu^{(1)} e_{\mu'}^{(2)} e_{\mu''}^{(3)}$$
$$= \sum_{\mu,\mu',\mu''} \chi_{\mu''\mu'\mu}(\omega_3;\, \omega_2,\, \omega_1)\, e_\mu^{(1)} e_{\mu'}^{(2)} e_{\mu''}^{(3)}$$
$$= \sum_{\mu,\mu',\mu''} \chi_{\mu''\mu\mu'}(-\omega_3;\, -\omega_1,\, -\omega_2)\, e_{\mu''}^{(3)} e_\mu^{(1)} e_{\mu'}^{(2)}, \tag{3.6}$$

was (bis auf die unterschiedliche Bezeichnung der Summationsindizes) mit der Kopplungskonstante in Gl. (3.5) identisch ist.

Wir haben es also mit einer einzigen effektiven Kopplungskonstante zu tun, die wir in zweckmäßiger Normierung in der Form

$$K \equiv \frac{4\pi}{c^2} \sum_{\mu,\mu',\mu''} \chi_{\mu\mu'\mu''} (\omega_3; \omega_1, \omega_2)\, e_\mu^{(3)}\, e_{\mu'}^{(1)}\, e_{\mu''}^{(2)} \tag{3.7}$$

aufschreiben können. Gln. (3.2), (3.4) und (3.5) nehmen so die folgende Gestalt an

$$k_1 \cos^2 \alpha_1 \frac{\partial A_1}{\partial z} + \frac{\omega_1}{c^2} \mathbf{e}^{(1)} \varepsilon(\omega_1) \mathbf{e}^{(1)} \dot{A}_1 = i K \omega_1{}^2 A_2{}^* A_3 e^{i\Delta kz}, \tag{3.8}$$

$$k_2 \cos^2 \alpha_2 \frac{\partial A_2}{\partial z} + \frac{\omega_2}{c^2} \mathbf{e}^{(2)} \varepsilon(\omega_2) \mathbf{e}^{(2)} \dot{A}_2 = i K \omega_2{}^2 A_3 A_1{}^* e^{i\Delta kz} \tag{3.9}$$

sowie

$$k_3 \cos^2 \alpha_3 \frac{\partial A_3}{\partial z} + \frac{\omega_3}{c^2} \mathbf{e}^{(3)} \varepsilon(\omega_3) \mathbf{e}^{(3)} \dot{A}_3 = i K \omega_3{}^2 A_1 A_2 e^{-i\Delta kz}. \tag{3.10}$$

Wir haben hier ein nichtlineares, gekoppeltes Gleichungssystem vor uns, mit dessen Lösung wir uns später beschäftigen werden. Zuvor wollen wir uns über die Rolle, welche die Quantisierung des Strahlungsfeldes in der nichtlinearen Optik spielt, klar werden.

5. Quantisierung des Strahlungsfeldes

5.1. Spontane Prozesse und Rauschen

Bei unseren bisherigen Überlegungen wurde das Strahlungsfeld klassisch beschrieben. Es erhebt sich die Frage, inwieweit ein solches Verfahren zulässig ist; anders ausgedrückt: Welche physikalischen Probleme können im Rahmen der klassischen Elektrodynamik in befriedigender Weise behandelt werden? Gibt es Phänomene, die sich einer klassischen Beschreibung grundsätzlich entziehen?

Denken wir zunächst einmal an die Ausstrahlung eines angeregten Atoms, so können wir sagen, daß die Quantisierung des Strahlungsfeldes für eine adäquate Beschreibung der spontanen Emission erforderlich ist, wohingegen die induzierte Emission ohne weiteres klassisch verständlich ist und darüber hinaus von der klassischen Theorie (genauer gesprochen, von der sogenannten semiklassischen Theorie, bei der die Behandlung der Atome quantenmechanisch, die des Strahlungsfeldes dagegen klassisch erfolgt) auch quantitativ richtig wiedergegeben wird. Es ist also die zwanglose theoretische Erfassung der auf der Grundlage von spontanen Prozessen ablaufenden Rauschvorgänge, wie sie etwa beim Laser oder beim Laserverstärker stattfinden (vgl. z. B. [47]), der Lohn für die zusätzliche Mühe, die der quantenmechanische Apparat mit sich bringt.

Diese Aussage gilt nun auch für die Prozesse der nichtlinearen Optik. Wir erläutern dies am Beispiel der parametrischen Wechselwirkung zwischen drei Wellen. Bei der früheren Behandlung hatten wir vorausgesetzt, daß bereits im Anfangszustand alle drei Wellen merklich angeregt sind. Wie steht es aber mit dem Anlaufvorgang, wenn wir uns — wie es dem tatsächlichen Experiment entspricht — nur die Pumpwelle $j = 3$ eingestrahlt denken, die anderen beiden Wellen jedoch anfänglich noch nicht vorhanden seien? Rechnen wir unter dieser Voraussetzung im Anfangszeitpunkt die nichtlineare Polarisation aus, die als Quelle etwa für die Signalwelle $j = 1$ wirksam werden soll, so ergibt sich wegen des Verschwindens der elektrischen Feldstärke der Idler-Welle ($\boldsymbol{E}(\omega_2) = 0$) der Wert Null (s. z. B. Gl. (3.1), Kapitel 3), m. a. W., nach der klassischen Theorie dürfte der parametrische Prozeß nicht „von selbst“ (ohne äußere „Zündung“) in Gang kommen. (Klassisch ist eben die Erzeugung einer Differenzfrequenz $\omega_1 = \omega_3 - \omega_2$

nur dann möglich, wenn beide Frequenzen ω_3 und ω_2 angeregt sind!) Tatsächlich kann aber der Prozeß der Aufspaltung eines Pump-Photons auch spontan erfolgen, d. h. für den Fall, daß noch gar keine Photonen der letztgenannten Sorten vorhanden sind. Dieser als parametrische Fluoreszenz bezeichnete Effekt folgt, wie wir in Abschn. 9.1 näher ausführen werden, zwanglos aus der quantenmechanischen Theorie der Strahlung und wurde inzwischen auch beobachtet (s. z. B. [30]).

Wir kommen so zu folgender Feststellung: Die quantenmechanische Beschreibung des elektromagnetischen Feldes ist notwendig für die zwanglose Behandlung spontaner Prozesse, wie sie etwa die parametrische Fluoreszenz darstellt, und demzufolge auch für die Untersuchung von — durch spontane Zerfälle bedingten — Rauschvorgängen. Als Beispiel für die letzteren nennen wir das Rauschen eines parametrischen Verstärkers und die (prinzipiell unvermeidbaren) Phasen- und Amplitudenfluktuationen der Strahlung eines optischen parametrischen Oszillators, die im besonderen — ganz analog wie beim Laser — zu einer endlichen (Mindest-)Linienbreite des ausgestrahlten Lichts Anlaß geben (s. hierzu [28,10]).

Sieht man von Feinheiten der letztgenannten Art ab, so wird man für solche Situationen, bei denen sich schon ein stationärer Zustand ausgebildet hat oder das betrachtete System sich jedenfalls bereits in der Nähe eines solchen Zustands befindet, mit vollkommen ausreichender Genauigkeit die klassische Beschreibung verwenden können. (Im besonderen lassen sich so experimentell vor allem interessierende Größen wie Schwellenwerte, Intensitäten der ausgestrahlten Wellen, Wirkungsgrade u. ä. berechnen.) Die Korrespondenz zwischen klassischer und quantenmechanischer Beschreibung besteht dann bekanntlich (s. z. B. [24]) darin, daß man die klassischen Wellen definierter Phase und Amplitude zu den sogenannten Glauber-Zuständen in Beziehung setzt. (Näheres s. Abschn. 5.3.)

Nach diesen grundsätzlichen Bemerkungen wollen wir nun kurz den mit der Quantisierung des Strahlungsfeldes verbundenen formalen Apparat erläutern.

5.2. Quantisierung des Feldes im Vakuum

Wir gehen aus von der bekannten Feststellung, daß das freie elektromagnetische Feld einem System von unendlich vielen ungekoppelten linearen harmonischen Oszillatoren äquivalent ist (s. z. B. [31]). Dies erkennt man, wenn man eine Entwicklung nach Eigenschwingungen vornimmt, d. h. nach Lösungen der MAXWELLschen Gleichungen, die jeweils einer scharfen Frequenz, der sogenannten Eigenfrequenz, entsprechen und die Randbedingungen befriedigen. Wir wollen vorerst ein paar Worte über die letzteren sagen. Sie sind im Fall von Resonatoren durch die geometrische Anordnung und physikalische Beschaffenheit der Resonatorwände (z. B. Spiegel) definiert. Will man frei im Raum sich ausbreitende laufende Wellen beschreiben, so ist man auf einen Kunstgriff angewiesen; um auch hier mit einem diskreten Spektrum von Eigenfrequenzen, also einer abzählbar unendlichen Menge von Eigenschwingungen rechnen zu können, benutzt man an Stelle einer Randbedingung die Periodizitätsforderung: das elektromagnetische Feld sei in jeder Koordinatenrichtung periodisch mit der Länge L. (Im Endergebnis hat man dann, um sich von der mit der Einführung der Größe L verbundenen Willkür wieder zu befreien, den Limes $L \to \infty$ auszuführen.)

Da man ein freies Strahlungsfeld bereits durch das Vektorpotential $\boldsymbol{A}$ vollständig beschreiben kann, wird man die obengenannte Entwicklung — denkt man an laufende Wellen, die bei Separation von räumlicher und zeitlicher Abhängigkeit durch komplexe Vektorpotentiale zu repräsentieren sind — in der folgenden

Form vornehmen

$$\boldsymbol{A}(\boldsymbol{r}, t) = \sum_\lambda Q_\lambda(t)\, \boldsymbol{A}_\lambda(\boldsymbol{r}) + \text{Konj. Kompl.} \tag{2.1}$$

mit $\boldsymbol{A}_\lambda(\boldsymbol{r})$ als dem ortsabhängigen Anteil des Vektorpotentials der Eigenschwingung λ. Die Vektorpotentiale der verschiedenen Eigenschwingungen stehen orthogonal zueinander gemäß der Relation[1])

$$\int_V \boldsymbol{A}_\lambda^*(\boldsymbol{r})\, \boldsymbol{A}_{\lambda'}(\boldsymbol{r})\, d^3\boldsymbol{r} = 0 \quad \text{für} \quad \lambda \neq \lambda', \tag{2.2}$$

wobei $V = L^3$ das Volumen des Periodizitätskubus der Kantenlänge L bezeichnet. Als zweckmäßige Normierungsbedingung erweist sich die Beziehung

$$\int_V |\boldsymbol{A}_\lambda(\boldsymbol{r})|^2\, d^3\boldsymbol{r} = 4\pi c^2. \tag{2.3}$$

Die Größen Q_λ enthalten offenbar die gesamte Information über den Zustand des elektromagnetischen Feldes. Die im Volumen V gespeicherte elektromagnetische Energie

$$U = \frac{1}{8\pi} \int_V (\boldsymbol{E}^2 + \boldsymbol{H}^2)\, d^3\boldsymbol{r} \tag{2.4}$$

läßt sich nach [31] darstellen als

$$U = \sum_\lambda \frac{1}{2} (\pi_\lambda^2 + \omega_\lambda^2\, \xi_\lambda^2) \tag{2.5}$$

mit

$$\xi_\lambda = Q_\lambda + Q_\lambda^* \tag{2.6}$$

und

$$\pi_\lambda = i\omega_\lambda (Q_\lambda^* - Q_\lambda) \tag{2.7}$$

als dem zu ξ_λ kanonisch konjugierten Impuls.

Der Ausdruck (2.5) repräsentiert also die in den richtigen Variablen aufgeschriebene HAMILTON-Funktion des

[1]) Für $\omega_\lambda \neq \omega_{\lambda'}$ folgt die Orthogonalität direkt aus der Wellengleichung; im Entartungsfall kann man die zum gleichen Frequenzwert gehörigen Eigenschwingungen stets so wählen, daß Gl. (2.2) gilt.

elektromagnetischen Feldes. Da letztere das betreffende physikalische System vollständig charakterisiert und andererseits die einzelnen Summanden

$$\mathcal{H}_\lambda \equiv \frac{1}{2}(\pi_\lambda^2 + \omega_\lambda^2 \xi_\lambda^2) \tag{2.8}$$

in Gl. (2.5) offenbar lineare harmonische Oszillatoren beschreiben, bringt Gl. (2.5) die anfangs behauptete formale Äquivalenz zwischen dem Strahlungsfeld und einem System ungekoppelter linearer harmonischer Oszillatoren explizit zum Ausdruck.

Es liegt damit nahe, die Quantisierung des elektromagnetischen Feldes (ohne Rücksicht darauf, daß es sich dabei um ein System von unendlich vielen Freiheitsgraden handelt) in der gleichen Weise zu vollziehen wie im Fall von mechanischen linearen harmonischen Oszillatoren. Zunächst folgt aus der Unabhängigkeit der einzelnen Oszillatoren (dem Fehlen von Kopplungstermen in Gl. (2.5)), daß jede Eigenschwingung für sich quantisiert werden kann und der HILBERT-Raum für das Gesamtsystem sich einfach durch Bildung des direkten Produktes aus den Teil-HILBERT-Räumen $\mathfrak{R}_\lambda$ für die einzelnen Eigenschwingungen λ ergibt. Es genügt also, die Quantisierungsprozedur an einer einzigen Eigenschwingung zu diskutieren.

Die Quantisierungsvorschrift der Quantenmechanik besteht bekanntlich darin, daß man die kanonisch konjugierten Größen ξ_λ und π_λ durch hermitesche Operatoren $\hat{\xi}_\lambda$ bzw. $\hat{\pi}_\lambda$ ersetzt, die der Vertauschungsrelation

$$[\hat{\pi}_\lambda, \hat{\xi}_\lambda] \equiv \hat{\pi}_\lambda \hat{\xi}_\lambda - \hat{\xi}_\lambda \hat{\pi}_\lambda = \frac{\hbar}{i} \mathbf{1} \tag{2.9}$$

genügen.

Wir übernehmen nun, um die Untersuchung abzukürzen, das von der quantenmechanischen Behandlung des mechanischen linearen harmonischen Oszillators her vertraute Ergebnis (s. z. B. [54]), daß die Energie eines solchen Systems in Form von äquidistanten „Stufen“ mit dem Abstand $\hbar\omega_\lambda$ gequantelt ist, wobei diese Niveaus sämtlich nichtentartet sind. Numerieren wir die Niveaus mit dem Index $n_\lambda = 0, 1, 2, \ldots$ und bezeichnen die zugehörigen Eigenvektoren des HAMILTON-Operators

$$\hat{\mathcal{H}}_\lambda = \frac{1}{2} (\hat{\pi}_\lambda^2 + \omega_\lambda^2 \hat{\xi}_\lambda^2) \tag{2.10}$$

(s. Gl. (2.8)) gemäß der DIRACschen Symbolik mit $|n_\lambda\rangle$, so lautet die Eigenwertgleichung

$$\hat{\mathcal{H}}_\lambda |n_\lambda\rangle = \left(n_\lambda + \frac{1}{2}\right) \hbar\omega_\lambda |n_\lambda\rangle. \tag{2.11}$$

Die im tiefsten Zustand ($n_\lambda = 0$) auftretende sogenannte Nullpunktsenergie $\frac{1}{2}\hbar\omega_\lambda$ hat für das Strahlungsfeld — im Gegensatz zu der Situation bei einem mechanischen harmonischen Oszillator — physikalisch keine Bedeutung; sie kann formal am einfachsten durch eine geeignete Wahl des Nullpunkts der Energiezählung, nämlich durch Ersetzung des HAMILTON-Operators (2.10) durch

$$H_\lambda = \frac{1}{2} (\hat{\pi}_\lambda^2 + \omega_\lambda^2 \hat{\xi}_\lambda^2 - \hbar\omega_\lambda) \tag{2.12}$$

„beseitigt" werden. Wir rechnen im folgenden mit dem HAMILTON-Operator (2.12), für den also gilt

$$H_\lambda |n_\lambda\rangle = n_\lambda \hbar\omega_\lambda |n_\lambda\rangle. \tag{2.13}$$

Wir „übersetzen" nun die ursprünglich auftretenden Größen Q_λ, Q_λ^* (s. Gl. (2.1)) ebenfalls in die Quantenmechanik. Durch Umkehrung der Relationen (2.6) und (2.7) finden wir, wenn wir π_λ und ξ_λ durch die zugehörigen

Operatoren ersetzen, leicht die Darstellung

$$\hat{Q}_\lambda = \frac{1}{2}\left(\hat{\xi}_\lambda + \frac{i}{\omega_\lambda}\hat{\pi}_\lambda\right),$$

$$\hat{Q}_\lambda^+ = \frac{1}{2}\left(\hat{\xi}_\lambda - \frac{i}{\omega_\lambda}\hat{\pi}_\lambda\right) \tag{2.14}$$

(wobei das Kreuz die Bildung des hermitesch adjungierten Operators symbolisiere). Dem HEISENBERG-Bild entsprechend denken wir uns die Operatoren $\hat{Q}_\lambda$, $\hat{Q}_\lambda^+$ zeitabhängig.

Die Vertauschungsregel (2.9) führt dann, wie man leicht nachprüft, auf die Beziehung

$$[\hat{Q}_\lambda, \hat{Q}_\lambda^+] = \frac{\hbar}{2\omega_\lambda}\boldsymbol{1}. \tag{2.15}$$

Gehen wir von den Größen $\hat{Q}_\lambda$, $\hat{Q}_\lambda^+$ zu dimensionslosen Operatoren q_λ, q_λ^+ über gemäß der Definition

$$q_\lambda = \sqrt{\frac{2\omega_\lambda}{\hbar}}\,\hat{Q}_\lambda, \quad q_\lambda^+ = \sqrt{\frac{2\omega_\lambda}{\hbar}}\,\hat{Q}_\lambda^+, \tag{2.16}$$

so vereinfacht sich die Vertauschungsrelation (2.15) zu

$$[q_\lambda(t), q_\lambda^+(t)] = \boldsymbol{1}. \tag{2.17}$$

Weiterhin lautet der HAMILTON-Operator (2.12), umgeschrieben auf die Operatoren q_λ, q_λ^+,

$$H_\lambda = \hbar\omega_\lambda q_\lambda^+ q_\lambda. \tag{2.18}$$

Die Eigenwertgleichung (2.13) ist daher gleichbedeutend mit

$$N_\lambda |n_\lambda\rangle = n_\lambda |n_\lambda\rangle, \tag{2.19}$$

wobei mit N_λ der Operator

$$N_\lambda \equiv q_\lambda^+ q_\lambda \tag{2.20}$$

bezeichnet wurde. (Da allgemein der HAMILTON-Operator für ein abgeschlossenes System zeitunabhängig ist, gilt das gleiche offenbar auch für N_λ.)

Wir multiplizieren nun Gl. (2.19) von links mit dem Operator q_λ^+, schreiben also

$$q_\lambda^+ N_\lambda \mid n_\lambda\rangle = n_\lambda q_\lambda^+ \mid n_\lambda\rangle . \tag{2.21}$$

Den auf der linken Seite dieser Gleichung stehenden Operator formen wir unter Verwendung der Vertauschungsrelation (2.17) um gemäß

$$q_\lambda^+ N_\lambda \equiv q_\lambda^+ (q_\lambda^+ q_\lambda) = q_\lambda^+ (q_\lambda q_\lambda^+ - \mathbf{1}) = N_\lambda q_\lambda^+ - q_\lambda^+ , \tag{2.22}$$

so daß Gl. (2.21) auf die Form

$$N_\lambda q_\lambda^+ \mid n_\lambda\rangle = (n_\lambda + 1)\, q_\lambda^+ \mid n_\lambda\rangle \tag{2.23}$$

gebracht werden kann. Diese Relation besagt nichts anderes, als daß der HILBERT-Raum-Vektor $q_\lambda^+ \mid n_\lambda\rangle$ ein Eigenvektor von N_λ, und damit auch von H_λ ist, wobei der zugehörige Eigenwert $n_\lambda + 1$ bzw. $\hbar\omega_\lambda \cdot (n_\lambda + 1)$ beträgt. Da keine Entartung vorliegt, muß also gelten

$$q_\lambda^+ \mid n_\lambda\rangle = C_{n_\lambda} \mid n_\lambda + 1\rangle . \tag{2.24}$$

Die Konstante C_{n_λ} ist dabei durch die Forderung, daß die Eigenvektoren $\mid n_\lambda\rangle$ sämtlich auf Eins normiert seien, betragsmäßig festgelegt. Durch Normbildung erhalten wir aus Gl. (2.24) die Relation

$$\langle n_\lambda \mid q_\lambda q_\lambda^+ \mid n_\lambda\rangle = |C_{n_\lambda}|^2 \langle n_\lambda + 1 \mid n_\lambda + 1\rangle = |C_{n_\lambda}|^2 \tag{2.25}$$

oder, unter Beachtung der Gln. (2.17), (2.20) und (2.19),

$$\langle n_\lambda \mid N_\lambda + \mathbf{1} \mid n_\lambda\rangle = n_\lambda + 1 = |C_{n_\lambda}|^2 , \tag{2.26}$$

woraus also folgt

$$|C_{n_\lambda}| = \sqrt{n_\lambda + 1}. \tag{2.27}$$

Bekanntlich sind die Eigenvektoren jeweils nur bis auf einen Phasenfaktor definiert; wir denken uns die Phasen so gewählt, daß die – auf Grund der Zeitabhängigkeit der Operatoren q_λ, q_λ^+ ebenfalls zeitabhängigen – Größen C_{n_λ} im Anfangszeitpunkt $t = t_0$ sämtlich positiv werden. Gl. (2.24) lautet dann also für $t = t_0$

$$q_\lambda^+ (t_0) \, |n_\lambda\rangle = \sqrt{n_\lambda + 1} \, |n_\lambda + 1\rangle. \tag{2.28}$$

In analoger Weise findet man die Relation

$$q_\lambda (t_0) \, |n_\lambda\rangle = \sqrt{n_\lambda} \, |n_\lambda - 1\rangle \tag{2.29}$$

(die übrigens auch leicht direkt aus der Tatsache, daß q_λ und q_λ^+ hermitesch adjungiert zueinander sind, gefolgert werden kann).

Wir wollen nun die erhaltenen Ergebnisse physikalisch interpretieren. Die „leiterförmige" Struktur des Niveauschemas bedeutet, daß die (bei einer entsprechenden Messung zu findenden) Energiewerte ein ganzzahliges Vielfaches eines „elementaren Quantums" $\hbar \omega_\lambda$ sind. Dies legt die Sprechweise nahe, in dem durch $|n_\lambda\rangle$ repräsentierten Zustand der Eigenschwingung λ seien genau n_λ Lichtquanten oder Photonen der Energie $\hbar \omega_\lambda$ vorhanden. Dem Operator N_λ (Gl. (2.20)) kommt dann also die Bedeutung des Photonenzahloperators zu, und die Operatoren q_λ^+, q_λ sind, da sie nach Gln. (2.28), (2.29) einen n-Photonen-Zustand in einen Zustand mit $n + 1$ bzw. $n - 1$ Photonen verwandeln, als Photonenerzeugungs- bzw. -vernichtungsoperatoren anzusprechen.

Wie oben erwähnt, setzt sich der Hilbert-Raum für das gesamte Strahlungsfeld (in Form eines direkten Produkts) aus den Teil-Hilbert-Räumen $\mathfrak{R}_\lambda$ für die einzelnen Eigenschwingungen zusammen. Die auf eine Eigenschwingung λ bezüglichen Operatoren wirken in den Teilräumen $\mathfrak{R}_{\lambda'}$ mit $\lambda' \neq \lambda$ als Eins-Operatoren (im besonderen kommutieren sie also — der Unabhängigkeit der verschiedenen Eigenschwingungen entsprechend — mit den zur Eigenschwingung λ' gehörigen Operatoren). Die Energie-Eigenzustände des Gesamtsystems sind zu schreiben als

$$|n_{\lambda_1}, n_{\lambda_2}, \ldots, n_\lambda, \ldots\rangle \equiv |n_{\lambda_1}\rangle\, |n_{\lambda_2}\rangle \ldots |n_\lambda\rangle \ldots; \tag{2.30}$$

sie sind also durch die Angabe, wieviele Photonen der einzelnen Sorten $\lambda_1, \lambda_2, \ldots, \lambda, \ldots$ jeweils vorliegen, vollständig gekennzeichnet.

Während der HAMILTON-Operator bzw. die Photonenzahloperatoren N_λ dem korpuskularen Aspekt der elektromagnetischen Strahlung Rechnung tragen, werden die Welleneigenschaften des Feldes durch das quantisierte Vektorpotential repräsentiert, das sich nach Gln. (2.1) und (2.16) folgendermaßen durch die Photonenerzeugungs- und -vernichtungsoperatoren ausdrückt

$$\hat{\boldsymbol{A}}(\boldsymbol{r}, t) = \sum_\lambda \sqrt{\frac{\hbar}{2\omega_\lambda}}\, (q_\lambda(t)\, \boldsymbol{A}_\lambda(\boldsymbol{r}) + q_\lambda^+(t)\, \boldsymbol{A}_\lambda^*(\boldsymbol{r}))\,. \tag{2.31}$$

5.3. Kohärente Zustände des quantisierten Feldes

Gemäß der im vorangehenden Abschnitt entwickelten Photonenkonzeption ist das Charakteristikum eines (zu einer bestimmten Eigenschwingung λ gehörigen) Photons seine scharfe Energie. Wie steht es nun mit der Phase eines Photons oder, allgemeiner, eines Zustandes, bei dem genau n Photonen gleicher Sorte vorliegen? Um sie zu beantworten, berechnen wir den Erwartungswert des Operators $\hat{\boldsymbol{E}}$ der elektrischen Feldstärke für den genannten Zustand. Der Operator $\hat{\boldsymbol{E}}$ zunächst ergibt sich vermöge der bekannten klassischen Beziehung

$$\boldsymbol{E} = -\frac{1}{c}\,\dot{\boldsymbol{A}} \tag{3.1}$$

(die wir in die Quantenmechanik übernehmen) aus Gl. (2.31) zu

$$\hat{\boldsymbol{E}} = \sum_{\lambda} \hat{\boldsymbol{E}}_{\lambda} \tag{3.2}$$

mit

$$\hat{\boldsymbol{E}}_{\lambda}(\boldsymbol{r}, t) = \frac{i}{c}\sqrt{\frac{\hbar\,\omega_{\lambda}}{2}}\,[q(t)\,\boldsymbol{A}_{\lambda}(\boldsymbol{r}) - q_{\lambda}^{+}(t)\,\boldsymbol{A}_{\lambda}^{*}(\boldsymbol{r})]\,. \tag{3.3}$$

Dabei wurde beachtet, daß (sowohl klassisch als auch quantenmechanisch im Sinn der HEISENBERGschen Bewegungsgleichungen) gilt

$$\dot{q}_{\lambda} = -i\,\omega_{\lambda} q_{\lambda}, \quad \dot{q}_{\lambda}^{+} = i\,\omega_{\lambda}\,q_{\lambda}^{+}, \tag{3.4}$$

wie man aus der HAMILTON-Funktion (2.8) bzw. dem HAMILTON-Operator (2.18) unschwer folgert. Aus Gl. (3.4) ergibt sich sofort die explizite Zeitabhängigkeit der Operatoren q_{λ}, q_{λ}^{+} zu

$$q_{\lambda}(t) = q_{\lambda}(t_0)\,e^{-i\omega_{\lambda}(t-t_0)}, \quad q_{\lambda}^{+}(t) = q_{\lambda}^{+}(t_0)\,e^{i\omega_{\lambda}(t-t_0)}. \tag{3.5}$$

Nun verschwinden, wie man aus Gln. (2.28), (2.29) zusammen mit Gln. (3.5) erkennt, die Erwartungswerte $\langle n_{\lambda}\,|q_{\lambda}(t)\,|n_{\lambda}\rangle$ und $\langle n_{\lambda}\,|\,q_{\lambda}^{+}(t)\,|\,n_{\lambda}\rangle$. Das gleiche gilt daher auch für den Erwartungswert $\langle n_{\lambda}\,|\,\hat{\boldsymbol{E}}_{\lambda}\,|\,n_{\lambda}\rangle$ des Operators der elektrischen Feldstärke in der Eigenschwingung λ (auf Grund der Linearität des letzteren in den Photonenerzeugungs- und -vernichtungsoperatoren).

Dieses Ergebnis darf sicher nicht so interpretiert werden, daß die elektrische Feldstärke selbst verschwindet — in dem Sinn, daß eine entsprechende Messung stets den Wert Null liefert —, da ja andererseits elektromagnetische Energie vorhanden ist (und überdies der quadratische Mittelwert $\langle n_\lambda | \hat{\boldsymbol{E}}_\lambda^2 | n_\lambda \rangle$ der elektrischen Feldstärke größer als Null ist; s. dazu Gl. (3.12)). Man muß sich vielmehr vorstellen, daß die Phase der elektrischen Feldstärke im Fall eines n-Photonen-Zustandes völlig unscharf ist (wobei diese Unbestimmtheit — da es sich um einen reinen Zustand handelt — prinzipieller Natur ist, und nicht wie in der klassischen Physik als bloße Unkenntnis eines „an sich vorhandenen" Wertes angesehen werden darf). Die Werte, die bei einer hypothetischen Messung einer geeigneten Komponente der elektrischen Feldstärke an einem durch $|n_\lambda\rangle$ charakterisierten Ensemble gefunden werden, schwanken dann in der Weise, daß betragsmäßig gleiche positive und negative Werte gleich häufig vorkommen, so daß der entsprechende (mit dem quantenmechanischen Erwartungswert zu identifizierende) Mittelwert verschwindet. Eine gleichzeitige genaue Bestimmung von Energie (Photonenzahl) und Phase ist somit, vom Standpunkt der Quantenelektrodynamik aus betrachtet, grundsätzlich unmöglich. Zwischen den genannten Größen besteht vielmehr eine Art Komplementaritätsverhältnis.

Wie sind nun andererseits diejenigen quantenmechanischen Zustände beschaffen, die dem anderen Extrem, nämlich einer scharf definierten Phase entsprechen? Die Beantwortung dieser Frage stößt auf grundsätzliche Schwierigkeiten, die schon bei der formalen Definition eines Phasenoperators auftreten (s. z. B. [58]). Darüber hinaus besteht auch keine Vorstellung, wie eine Phasenmessung im mikroskopischen Bereich — auch nur im Gedankenexperiment — verwirklicht werden sollte. Wir wollen daher unsere Frage anders formulieren: Welche quantenmechanischen Zustände des Strahlungsfeldes (wir denken wieder an eine einzelne Eigenschwingung) korrespondieren am besten den klassischen Wellen definierter Phase und Amplitude? Wählt man als Kriterium für optimale Korrespondenz die Forderung, daß die elektrische Feldstärke (im zeitlichen Mittel) so wenig wie möglich fluktuieren solle, so findet man die maximal kohärenten Zustände des elektromagnetischen Feldes, die sogenannten GLAUBER-Zustände [24]

$$|\alpha_\lambda\rangle = \sum_{n_\lambda} e^{-\frac{|\alpha_\lambda|^2}{2}} \frac{\alpha_\lambda^{n_\lambda}}{\sqrt{n_\lambda!}} |n_\lambda\rangle. \tag{3.6}$$

Hierbei bezeichnet α_λ eine (beliebige) komplexe Zahl, die der klassischen komplexen Amplitude der elektrischen Feldstärke (in geeigneter Normierung) korrespondiert. Das Absolutquadrat von α_λ speziell gibt die mittlere Photonenzahl $\bar{n}_\lambda$ an.

Man wird auf die genannten Zustände auch durch die Diskussion von Interferenzexperimenten geführt. Es läßt sich nämlich zeigen [48, 45], daß zwei unabhängig voneinander erzeugte Lichtstrahlen, die sich jeweils in einem GLAUBER-Zustand befinden, optimal, und zwar exakt gemäß den Formeln der klassischen Optik interferieren, auch wenn ihre (mittlere) Intensität noch so klein ist.

Formal gesehen sind die GLAUBER-Zustände Rechts-Eigenzustände des Photonenvernichtungsoperators q_λ bzw. Links-Eigenzustände des Photonenerzeugungsoperators q_λ^+. In der Tat folgt aus Gl. (3.6) unter Berücksichtigung von Gl. (2.29)

$$q_\lambda(t_0)\,|\alpha_\lambda\rangle = \sum_{n_\lambda} e^{-\frac{|\alpha_\lambda|^2}{2}} \frac{\alpha_\lambda^{n_\lambda}}{\sqrt{(n_\lambda - 1)!}} |n_\lambda - 1\rangle = \alpha_\lambda\,|\alpha_\lambda\rangle, \tag{3.7}$$

und entsprechend gilt

$$\langle\alpha_\lambda|\, q_\lambda^+(t_0) = \alpha_\lambda^*\,\langle\alpha_\lambda|. \tag{3.8}$$

Diese formale Eigenschaft der GLAUBER-Zustände macht die Berechnung von Erwartungswerten normal geordneter Produkte von Erzeugungs- und Vernichtungsoperatoren außerordentlich einfach; offenbar implizieren Gln. (3.7) und (3.8) die Relation

$$\langle\alpha_\lambda|\,(q_\lambda^+(t_0))^p\,(q_\lambda(t_0))^q\,|\alpha_\lambda\rangle = \alpha_\lambda^{*p}\,\alpha_\lambda^q \tag{3.9}$$

(p und q nichtnegative ganze Zahlen).

Gl. (3.6) lehrt, daß die Kohärenz (also die Herausbildung einer mehr oder weniger gut definierten Phase) durch eine Energieunschärfe „erkauft" wird; es ergibt sich nämlich aus Gl. (3.6) eine POISSON-Verteilung

$$w_{n_\lambda} = e^{-|\alpha_\lambda|^2}\,\frac{|\alpha_\lambda|^{2n_\lambda}}{n_\lambda!} \tag{3.10}$$

für die Photonenzahl. Nur bei größeren mittleren Photonenzahlen $\bar{n}_\lambda (= |\alpha_\lambda|^2)$ ist die relative Breite

$$\frac{\Delta n_\lambda}{\bar{n}_\lambda} = \frac{1}{\sqrt{\bar{n}_\lambda}} \tag{3.11}$$

der Verteilungsfunktion (3.10) vernachlässigbar, so daß sich die GLAUBER-Zustände — wie eigentlich nicht anders zu erwarten — erst im Limes $\bar{n}_\lambda \to \infty$ wie klassische Zustände definierter Phase und Amplitude verhalten.

Nach dem Gesagten wären also klassische Rechnungen, bei denen es auf die Phase der beteiligten Wellen ankommt, im quantenmechanischen Formalismus unter Verwendung von GLAUBER-Zuständen zu reproduzieren. Im Gegensatz dazu beziehen sich Zustände scharfer Photonenzahl, korrespondenzmäßig gesehen, auf ein klassisches Ensemble von Strahlungsfeldern, bei dem alle Werte der Phase mit gleicher Wahrscheinlichkeit auftreten.

Der grundsätzliche Unterschied zwischen den quantenmechanischen GLAUBER-Zuständen und den maximal kohärenten klassischen Zuständen besteht darin, daß bei den letzteren die elektrische Feldstärke scharf ist, während sie bei den ersteren immer noch fluktuiert. Dies hängt mit den sogenannten Vakuumschwankungen der elektrischen Feldstärke zusammen, d. h. der (mit Notwendigkeit aus der quantenmechanischen Beschreibung des Strahlungsfeldes folgenden) Aussage, daß schon für den Fall des vollständigen Fehlens von Photonen — also für den tiefsten Energiezustand der betreffenden Eigenschwingung — der Erwartungswert des Operators $\hat{\boldsymbol{E}}_\lambda^2$ von Null verschieden ist. In der Tat folgert man aus Gl. (3.3)

$$\langle 0 | \hat{\boldsymbol{E}}_\lambda^2 | 0 \rangle = \boldsymbol{a}_\lambda^2(\boldsymbol{r}) \langle 0 | q_\lambda^2 | 0 \rangle + \boldsymbol{a}_\lambda^{*2}(\boldsymbol{r}) \langle 0 | q_\lambda^{+2} | 0 \rangle$$

$$+ |\boldsymbol{a}_\lambda(\boldsymbol{r})|^2 [\langle 0 | q_\lambda q_\lambda^+ | 0 \rangle + \langle 0 | q_\lambda^+ q_\lambda | 0 \rangle], \qquad (3.12)$$

wobei die Abkürzung

$$\boldsymbol{a}_\lambda(\boldsymbol{r}) = \frac{i}{c} \sqrt{\frac{\hbar \omega_\lambda}{2}} \boldsymbol{A}_\lambda(\boldsymbol{r}) \qquad (3.13)$$

verwendet wurde, und die rechte Seite von Gl. (3.12) enthält genau einen von Null verschiedenen Summanden, nämlich den zu $\langle 0 | q_\lambda q_\lambda^+ | 0 \rangle = 1$ (nach Gln. (2.28), (2.29) sowie (3.5)) proportionalen Term.

Im Licht dieses Ergebnisses lassen sich die spontanen Prozesse von der Art des parametrischen Zerfalls eines Pump-Photons in ein Signal- und ein Idler-Photon anschaulich so deuten, daß trotz fehlender energetischer Anregung von Signal- und Idler-Welle fluktuierende Feldstärken in diesen Eigenschwingungen auftreten, die eine (ebenfalls fluktuierende) nichtlineare Polarisation des Mediums bewirken und so den Prozeß „in Gang bringen". Die spontanen Prozesse können, wenn man so will, als eine Art indirekten Nachweises der Existenz der Vakuumfluktuationen der elektrischen Feldstärke aufgefaßt werden.

5.4. Quantenmechanische Beschreibung nichtlinearer optischer Prozesse

Nach diesen allgemeineren Betrachtungen wollen wir uns wieder den nichtlinearen optischen Erscheinungen zuwenden. Wir beschränken uns auf den Fall, daß sich das Medium (wegen fehlender Resonanz mit den angeregten bzw. den Kombinationsfrequenzen) nicht am Energieaustausch beteiligt. Dann sind die im Medium ablaufenden spontanen Vorgänge (spontane Emission von Photonen, strahlungslose Übergänge usf.) für den interessierenden Vorgang ohne Bedeutung, da sie einerseits — formal gesehen — nur einen vernachlässigbaren Einfluß auf den Suszeptibilitätstensor haben (s. Abschn. 1.7) und andererseits die spontan ausgestrahlten Photonen sich frequenzmäßig von den an der nichtlinearen Wechselwirkung beteiligten Wellen unterscheiden; die eigentlichen Rauschquellen liegen vielmehr in den spontanen Zerfällen von Photonen. Für den Formalismus bedeutet dies, auf eine quantenmechanische Beschreibung des Mediums kann verzichtet werden (die Quantenmechanik spielt hier nur insofern eine Rolle, als sie — grundsätzlich — zur störungstheoretischen Berechnung des Suszeptibilitätstensors herangezogen werden kann), erforderlich für eine den Rauschvorgängen Rechnung tragende Behandlung ist die Quantisierung lediglich des elektromagnetischen Feldes.

Hierbei muß beachtet werden, daß die ungestörten Felder sich nicht auf das Vakuum, sondern bereits auf ein (lineares) anisotropes Medium beziehen. Wählen wir die Eigenschwingungen zweckmäßig als laufende ebene Wellen, so steht also die jeweilige elektrische Feldstärke

$$\boldsymbol{E}_\lambda = A_\lambda\, e^{i(\boldsymbol{k}_\lambda \boldsymbol{r} - \omega_\lambda t)}\, \boldsymbol{e}^{(\lambda)} + \text{Konj. Kompl.} \quad (A_\lambda = \text{const}) \tag{4.1}$$

(vgl. Gl. (1.9), Kapitel 4) im Normalfall nicht senkrecht zu der (durch den Wellenzahlvektor $\boldsymbol{k}_\lambda$ markierten) Ausbreitungsrichtung.

Wie aus den Überlegungen von Abschn. 5.3 hervorgeht, sind die (räumlich und — da die Zeitabhängigkeit (3.5) in (4.1) schon explizit berücksichtigt wurde — im wechselwirkungsfreien Fall auch zeitlich konstanten) Größen A_λ, A_λ^* bei der Quantisierung durch hermitesche Operatoren $\hat{A}_\lambda$, $\hat{A}_\lambda^+$ zu ersetzen, für welche eine Vertauschungsrelation der Form

$$[\hat{A}_\lambda, \hat{A}_\lambda^+] = \gamma_\lambda \mathbf{1} \tag{4.2}$$

gilt. Die hier auftretende Konstante (c-Zahl) γ_λ bestimmt sich aus der Forderung, daß die Energie der Eigenschwingung λ (bezogen auf das Normierungsvolumen V) ein ganzzahliges Vielfaches des elementaren Quantums $\hbar\omega_\lambda$ beträgt. Wir finden zunächst für den HAMILTON-Operator der Eigenschwingung λ in dem praktisch meist vorliegenden Fall geringer Dispersion[1]), wenn wir von dem klassischen Ausdruck (2.15) bzw. (2.16), Kapitel 4, für die elektromagnetische Energiedichte ausgehen, die Darstellung

$$H_\lambda = \frac{V}{2\pi} \mathbf{e}^{(\lambda)} \varepsilon(\omega_\lambda) \mathbf{e}^{(\lambda)} \hat{A}_\lambda^+ \hat{A}_\lambda \tag{4.3}$$

(wobei die Reihenfolge der Operatoren $\hat{A}_\lambda^+$ und $\hat{A}_\lambda$ bereits so gewählt wurde, daß keine Nullpunktsenergie auftritt). Nun haben wir im vorangehenden Abschnitt gesehen, daß die Vertauschungsrelation $[q, q^+] = \mathbf{1}$ nichtnegative ganze Eigenwerte des Operators q^+q impliziert. Daraus können wir schließen, daß der Operator $\hat{A}_\lambda^+\hat{A}_\lambda$ auf Grund von Gl. (4.2) die Eigenwerte $0, \gamma_\lambda, 2\gamma_\lambda, \ldots$ besitzt. Der richtige Wert der Konstante γ_λ ergibt sich somit aus der Bedingungsgleichung

$$\frac{V}{2\pi} \mathbf{e}^{(\lambda)} \varepsilon(\omega_\lambda) \mathbf{e}^{(\lambda)} \gamma_\lambda = \hbar\omega_\lambda \tag{4.4}$$

[1]) Bei der Behandlung der parametrischen Fluoreszenz werden wir die Dispersion genauer berücksichtigen (s. Abschn. 9.1).

zu

$$\gamma_\lambda = \frac{2\pi\hbar\omega_\lambda}{V\boldsymbol{e}^{(\lambda)}\varepsilon(\omega_\lambda)\,\boldsymbol{e}^{(\lambda)}}. \tag{4.5}$$

Durch Gln. (4.2) und (4.5) ist der Operatorcharakter der quantisierten elektrischen Feldstärke $\hat{\boldsymbol{E}}_\lambda$ vollständig gekennzeichnet.

Wir betrachten nun die durch ein Medium mit quadratischer Nichtlinearität vermittelte Wechselwirkung zwischen verschiedenen Wellen, die im Formalismus der Quantenmechanik bekanntlich durch einen Wechselwirkungsoperator H^W zu beschreiben ist. Die explizite Gestalt des letzteren bestimmen wir aus der Forderung, daß die damit gebildete quantenmechanische Bewegungsgleichung

$$\dot{\hat{A}}_\lambda = \frac{i}{\hbar}\,[H^W, \hat{A}_\lambda] \tag{4.6}$$

(da die ungestörte Zeitabhängigkeit der elektrischen Feldstärken schon absepariert wurde, befinden wir uns in einer Wechselwirkungsdarstellung) der klassischen, aus den MAXWELLschen Gleichungen folgenden Bewegungsgleichung (1.23), Kapitel 4, korrespondiert. Die räumliche Struktur der Wellen denken wir uns dabei — der Konzeption der Eigenschwingungen entsprechend — als unbeeinflußt von der Wechselwirkung, d. h., in der klassischen Gleichung ist A_j als räumlich konstant anzusehen und demzufolge die räumliche Ableitung gleich Null zu setzen.

Beschränken wir uns auf die parametrische Wechselwirkung zwischen drei Wellen, so gilt nach Gl. (3.8), Kapitel 4,

$$\dot{A}_1 = \frac{4\pi i\chi\omega_1}{\boldsymbol{e}^{(1)}\varepsilon(\omega_1)\boldsymbol{e}^{(1)}}\,A_2{}^*A_3e^{i\Delta\boldsymbol{k}\boldsymbol{r}} \tag{4.7}$$

mit

$$\Delta\boldsymbol{k} = \boldsymbol{k}_3 - (\boldsymbol{k}_2 + \boldsymbol{k}_1) \tag{4.8}$$

und der Abkürzung

$$\chi \equiv \chi(3;1,2) = \sum_{\mu,\mu',\mu''} \chi_{\mu\mu'\mu''}(\omega_3;\omega_1,\omega_2) e_\mu^{(3)} e_{\mu'}^{(1)} e_{\mu''}^{(2)} \quad (4.9)$$

(s. Gl. (3.7), Kapitel 4), wobei wir die in Abschn. 4.3 gemachte Voraussetzung der Kollinearität der Wechselwirkung fallengelassen haben.

Gl. (4.7) ist strenggenommen inkonsistent, da die rechte Seite von $\boldsymbol{r}$ abhängt, die linke dagegen nicht. Wir werden diese Gleichung daher zweckmäßig über das Volumen V der aktiven Substanz (das wir mit dem Normierungsvolumen für das Strahlungsfeld identifizieren) mitteln mit dem Ergebnis

$$\dot{A}_1 = \frac{4\pi i \chi \omega_1}{\boldsymbol{e}^{(1)} \varepsilon(\omega_1) \boldsymbol{e}^{(1)}} F(\Delta \boldsymbol{k}) A_2^* A_3, \quad (4.10)$$

wobei die schon in Abschn. *3.3* diskutierte Funktion

$$F(\Delta \boldsymbol{k}) = \frac{1}{V} \int_V e^{i\Delta \boldsymbol{k}\boldsymbol{r}} \, \mathrm{d}^3\boldsymbol{r} \quad (4.11)$$

ein „Abschalten" der Wechselwirkung bei merklicher Verletzung der Phasenanpassungsbedingung $\Delta \boldsymbol{k} = 0$ bewirkt.

Man prüft unter Beachtung der Vertauschungsrelation (4.2) leicht nach, daß Gl. (4.10) sowie die dazu konjugiert komplexe Gleichung — nach Ersetzung der klassischen Amplituden durch die zugehörigen Operatoren — als HEISENBERGsche Bewegungsgleichungen (4.6) aufgefaßt werden können, wenn man den Wechselwirkungsoperator in der Gestalt

$$H^W = -2\chi V F(\Delta \boldsymbol{k}) \hat{A}_1^+ \hat{A}_2^+ \hat{A}_3 + \text{Herm. Adj.} \quad (4.12)$$

ansetzt. (Mit dem gleichen Operator werden dann auch die zu (4.10) analogen Gleichungen für $\dot{A}_2$ und $\dot{A}_3$ reproduziert.)

Wegen des Zusammenhangs

$$E_\mu(\omega_\lambda) = A_\lambda^* e^{-i\boldsymbol{k}_\lambda \boldsymbol{r}} e_\mu^{(\lambda)} \tag{4.13}$$

korrespondiert der Ausdruck (4.12) der in Abschn. 2.1 diskutierten (über mehrere Lichtperioden zeitlich gemittelten) freien Energie

$$F = -2 \int_V \mathrm{d}^3\boldsymbol{r} \sum_{\mu,\mu',\mu''} \chi_{\mu\mu'\mu''}(\omega_3; \omega_1, \omega_2) E_\mu^*(\omega_3) E_{\mu'}(\omega_1) E_{\mu''}(\omega_2) + \text{Konj. Kompl.} \tag{4.14}$$

(vgl. Gl. (1.23), Kapitel 2). Für die formale Beschreibung der nichtlinearen optischen Prozesse ist somit nicht die während des Einschaltvorgangs (im zeitlichen Mittel) geleistete Arbeit des Feldes an der Polarisation des Mediums — das Volumenintegral der in Abschn. 2.1 berechneten Größe $\overline{w}$ also —, sondern die freie Energie maßgeblich.

Die Idealisierung einer Welle als Anregungszustand einer einzigen Eigenschwingung ist nur im Fall eines Resonators hoher Güte gerechtfertigt, da dann durch die häufigen Reflexionen eine räumliche Ausmittelung der Amplitude A_j erfolgt. Die quantenmechanische Behandlung speziell des optischen parametrischen Verstärkers oder Oszillators wird daher besonders einfach, wenn man sich sämtliche miteinander wechselwirkenden Wellen jeweils in einen Resonator „eingesperrt" denkt. Eine im Verlauf der Wechselwirkung eintretende räumliche Abweichung von der vorausgesetzten Form (4.1) kann in dem verwendeten Eigenschwingungsformalismus nur so erfaßt werden, daß man die Möglichkeit der gleichzeitigen Anregung sehr vieler benachbarter Eigenschwingungen in Betracht zieht, also ein von einer ebenen Welle abweichendes elektromagnetisches Feld als eine Superposition von ebenen Wellen (mit verschiedenem Ausbreitungsvektor und verschiedener Frequenz) darstellt. Der Wechselwirkungsoperator (4.12) ist dann in der Form

$$H^W = -2 \int_V \mathrm{d}^3\boldsymbol{r} \sum_{\lambda,\lambda',\lambda''} \chi(\lambda''; \lambda, \lambda') \hat{A}_\lambda{}^+ \hat{A}_{\lambda'}{}^+ \hat{A}_{\lambda''} e^{i(\boldsymbol{k}_{\lambda''} - \boldsymbol{k}_\lambda - \boldsymbol{k}_{\lambda'})\boldsymbol{r}} + \text{Herm. Adj.} \tag{4.15}$$

zu verallgemeinern, wobei die Summation über λ, λ' und λ'' unter der Nebenbedingung

$$\omega_{\lambda''} \approx \omega_\lambda + \omega_{\lambda'} \tag{4.16}$$

auszuführen ist, die quantenmechanisch gesprochen die Energieerhaltung beim Elementarprozeß (dem Zerfall eines Pump-Photons in sowohl ein Signal- als auch ein Idler-Photon bzw. dem „Aufbau" eines Pump-Photons aus je einem Signal- und einem Idler-Photon) zum Ausdruck bringt.

Wie man durch Ausführung der räumlichen Integration in Gl. (4.15) sofort erkennt, ist die dortige Summation weiterhin auf solche Kombinationen λ, λ', λ'' beschränkt, für welche die Phasenanpassungsbedingung (jedenfalls näherungsweise) erfüllt ist.

Mit Gl. (4.15) ist so die Ausgangsbasis für die quantenmechanische Beschreibung optischer Vorgänge in quadratisch nichtlinearen Medien gegeben. Im zweiten Teil dieses Buches werden wir die dargestellte Theorie speziell auf den parametrischen Verstärker (s. Kapitel 8) und die parametrische Fluoreszenz (s. Kapitel 9) anwenden.

Sachverzeichnis

Der Autor

- **diskutiert am Modell des von der Strahlung an den Atomen induzierten Dipolmoments den grundlegenden Mechanismus für die nichtlinearen optischen Erscheinungen**

- **entwickelt den formalen Apparat zu ihrer Beschreibung im Rahmen der klassischen Theorie**

- **leitet Bewegungsgleichungen zur Erfassung der Dynamik der nichtlinearen optischen Prozesse her**

- **erläutert die Rolle der Feldquantisierung in der nichtlinearen Optik**

WISSENSCHAFTLICHE TASCHENBÜCHER